10分鐘 快速登場
義大利麵
的多重饗宴

PastaWorks Takashi

U0095892

瑞昇文化

10 分鐘義大利麵食譜的

Instagram
人氣品項排行榜

TOP 1

鮪魚美乃滋
佐青海苔義大利麵

簡而言之，
就是廣獲大眾喜愛的

鮪魚美乃滋飯糰風味！

我所做的義大利麵，

是不會在煮麵條的時候用到鹽的。

所以味道不會走調。

口味的關鍵，就是白高湯和橄欖油。

無論是哪種醬汁，全都是以這 2 種調味料

作為味道基礎的。

這道「鮪魚美乃滋佐青海苔義大利麵」

也並非只是純粹的和風口味。

希望各位務必要嘗試看看，

讓 10 分鐘義大利麵展現它們真正的面貌。

鮪魚美乃滋佐青海苔義大利麵

材料 1 人份

義大利麵條——80g
罐裝鮪魚（油漬）——1 罐（70g）
黑胡椒——適量

A
白高湯——1 大匙
橄欖油——2 大匙
美乃滋——1 大匙
青海苔——1 大匙
牛奶——150㎖

MEMO
這是在 Instagram 上的觀看次數高達
460 萬的超人氣品項。散發出青海苔香氣
的濃郁滋味讓人食指大動。

製作法

1 水煮義大利麵條

用鍋子將水煮到沸騰後放入麵條，煮麵時間要
比麵條包裝袋上標示的建議時間少 2 分鐘。

2 放入材料一起煮

將 **1** 和罐裝鮪魚（連同湯汁）、**A** 的材料全都放
進平底鍋，以較弱的中火開始煮。煮到沸騰
後，一邊偶爾翻炒、一邊繼續煮 2 ～ 3 分鐘
左右，讓湯汁收乾（若是擔心過度收乾導致油水分
離的話，請確實翻拌 2 分鐘就結束收乾作業）。

3 收尾並完成

盛裝到盤子上，撒上黑胡椒。

TOP 2

蝦仁鮮蔥
醬油奶香義大利麵

蝦仁

Q彈鮮甜。

還有黏糊糊的

軟嫩蔥白。

蝦仁鮮蔥醬油奶香義大利麵

材料 1人份

義大利麵條──80g
蝦仁──6～7尾
長蔥的蔥白部分（切成一口大小）
　──1/3 條的量
長蔥的蔥綠部分（切成蔥花）
　──適量
黑胡椒──適量
A 白高湯──1 大匙
　　橄欖油──2 大匙
　　醬油──1 大匙
　　牛奶──150㎖

製作法

1 水煮義大利麵條

用鍋子將水煮到沸騰後放入麵條，煮麵時間要比麵條包裝袋上標示的建議時間少 2 分鐘。

2 放入材料一起煮

將 **1** 和蝦仁、蔥白、**A** 的材料全都放進平底鍋，以較弱的中火開始煮。煮到沸騰後，一邊偶爾翻炒、一邊繼續煮約 2～3 分鐘，讓湯汁收乾。

3 收尾並完成

盛裝到盤子上，撒上蔥綠和黑胡椒。

用比麵條包裝袋上標示的建議時間少 2 分鐘
的時間煮好麵之後，再加入其他的材料和調
味料一起煮。

只要這麼做的話，即使不在煮麵的水中放鹽
也能確實入味。

從開始煮麵條直到完成為止，
幾乎只需要 10 分鐘。

無論是帶著一身疲憊回到家，
或是想要盡快做完一道午餐的時候，
只要記住這些小訣竅，
肯定會在製作這些料理時派上用場的。

MEMO ——

醬油與蔥的香氣充分融入這道奶油
基底的義大利麵之中，讓人品嘗到
新穎的風味感受。雖然並不是外觀
吸睛的品項，不過在 Instagram 上
的觀看數也有 440 萬之多，保證好
吃！

大致上來說，

只要靠鹽昆布就能帶出好口味。

TOP 3

生火腿與酪梨
佐鹽昆布
義大利麵

只要用白高湯和橄欖油作為基底，

再跟牛奶或番茄醬、起司粉等食材進行搭配組合，

無論是哪一種醬汁風味的義大利麵，全都能在 10 分鐘後完成上桌。

這裡我們要藉由鹽昆布的鮮味，進一步替

生火腿和酪梨這類西洋風食材提取出更深層的韻味。

因為只要選用自己喜歡的材料就能做出無限種變化版本，

希望大家都能徹底享受製作原創 10 分鐘義大利麵的樂趣。

生火腿與酪梨佐鹽昆布義大利麵

材料 1人份

義大利麵條──80g

生火腿──2～3片

酪梨（切塊）──1/2 顆的量

黑胡椒──適量

A 白高湯──1 大匙

橄欖油──2 大匙

鹽昆布──1 小撮

煮麵後的水──100㎖

MEMO

生火腿與鹽昆布的鮮味和鹽味，能夠和酪梨的奶油風味形成絕妙的契合。這一道也是在 Instagram 上有 214 萬人觀看的高人氣品項。

製作法

1 水煮義大利麵條

用鍋子將水煮到沸騰後放入麵條，煮麵時間要比麵條包裝袋上標示的建議時間少 2 分鐘。

2 放入材料一起煮

將 **1** 和生火腿、酪梨、**A** 的材料全都放進平底鍋，以較弱的中火開始煮。煮到沸騰後，一邊偶爾翻炒、一邊繼續煮 2～3 分鐘左右，讓湯汁收乾。

3 收尾並完成

盛裝到盤子上，擺上生火腿後再撒上黑胡椒。

前言

各位朋友大家好。
我想應該有很多人是初次見面，我是 PastaWorks Takashi。
目前在 Instagram 上發表了 500 篇左右的義大利麵食譜。

我跟各位一樣，都屬於很熱愛美食的族群。
雖然想要吃到好吃的東西，但是又想盡可能精簡製作過程。
於是我用上了一些小聰明，沒想到就因此找出讓義大利麵
不同於尋常的「黃金比例」。

「如果能運用各種食材來做出美味的義大利麵，感覺會很有趣。」

萌生這樣的想法以後，我也開始抱持這種心情來展開相關活動。
要是把自己嘗試製作、讓我覺得「這個好好吃！真是不錯的發現」
的品項與大家分享後，可以讓各位懷抱相同的感受、並且成為想愉快地
做出美味義大利麵的同好，那真的會令我非常開心。

而這本書，就是將我對那些結合相關場景與心情
的義大利麵食譜的構思彙集而成的成果。

「冰箱裡面還有這些食材耶。」
「好想在放假的時候，夫妻倆一起品嘗這樣的餐點。」
「雖然因為工作忙得暈頭轉向，但還是想吃點好料。」

書中的食譜，就是貼近這些生活日常情境的產物。
只有 1 樣也沒關係，我由衷希望每個人都能夠先找出讓自己感興趣的食譜。

PastaWorks Takashi

CONTENTS

PART 1

慰勞的義大利麵

各種加班後返家時段的食譜

PART 2
平日的義大利麵

PART 3

假日的義大利麵

各種假日情境的食譜

本書的使用方式

● 計量單位為 1 大匙＝ 15㎖、1 小匙＝ 5㎖、1 杯＝ 200㎖。

● 食譜中所使用的義大利麵全部都是選用 1.6 ㎜的麵條。

● 奶油選用的是含鹽奶油。

● 根據平底鍋的不同，導熱方式也會有所變化。食譜中所刊載的料理時間乃是參考基準值，請在調理時邊觀察實際狀況邊進行調整。

● 食譜中省略了清洗蔬菜或去皮等步驟，所以請預先進行處理後再開始料理。

● 本書食譜所標記的 TOP1 ～ TOP10 標籤是基於作者 Instagram 閱覽人數的人氣品項排行榜。

ORIGINAL JAPANESE EDITION STAFF

攝影協助
株式会社 アスプルンド
TIMELESS COMFORT
オンラインストア
https://timelesscomfort.com

美術概念・設計
小橋太郎 (Yep)

攝影
よねくらりょう

構成・取材
山本章子

校正
みね工房

編輯
仲田恵理子

SPECIAL THANKS
湯川邦隆、 工藤恵利子、 Trois the Luck

PROLOGUE
10 分鐘義大利麵的基礎

本書收錄的是使用白高湯和橄欖油
作為基底的 10 分鐘義大利麵。
請各位暫且忘記過去的義大利麵調理方式，
先確認接下來介紹的基礎知識。

PastaWorks Takashi 的
10 分鐘義大利麵
為何？

IT WILL TAKE ONLY 10 MINUTES.

從開始煮麵條直到完成
幾乎只要十分鐘

把麵條放入沸騰的水中後就開始倒數，每個品項都只要花 10 分鐘左右即可完成。關鍵就是煮麵的時間要比包裝袋上標示的建議時間少 2 分鐘，還有後續要連同配料一起煮。例如標示建議時間 8 分鐘的話，就用 6 分鐘來煮麵條，接下來連同配料和調味料一起煮 2～3 分鐘左右，再盛放到器皿上就大功告成了。

BELIEVE IT OR NOT !!

煮麵條的時候
不需要用到鹽

通常在煮義大利麵條的時候，會因應水量加入一定分量的鹽，不過 10 分鐘義大利麵的食譜並不會使用鹽。因此料理時不必量測對應水量的鹽用量，味道也不會走調，是這種調理方式的特徵所在。由於麵條煮好後會跟配料和調味料一起煮，所以麵條本身也能充分吸收醬汁的風味。

NO SHIRO-DASHI, NO LIFE.

用來調整口味基底的
白高湯是必備食材

決定味道的關鍵就是白高湯。不只是和風基底的義大利麵，就連番茄基底、奶油基底、卡波納拉等各式各樣的類型都會用到白高湯。只要使用白高湯，即便調理時間較短，也能提取出有深度的韻味，讓成品宛如出自專業人士之手。或許這麼做會讓人覺得偏向旁門左道，不過藉由白高湯和橄欖油的組合，就能為義大利麵開拓出新的境界。

THE ORIGINAL GOLDEN RATIO.

只要記住黃金比例
就能做出無限種變化！

靠著白高湯和橄欖油組成的基底，再添加其他的調味料，無論是哪種義大利麵都可以做出變化版本。本書將會介紹橄欖油基底、番茄基底、奶油基底、卡波納拉和其他類型等5種醬汁的黃金比例。把喜歡的食材拿來和這些醬汁搭配組合，就能讓食譜衍生出無限多的變化。希望各位也能沉浸在構思原創風味食譜的樂趣之中喔。

基本的材料

白高湯

所謂的白高湯，就是在昆布或柴魚片高湯中添加薄口醬油、味醂、砂糖等製作而成的調味料。它能夠替料理提取出更深層的風味。推薦各位選用非高濃縮產品、不添加高果糖玉米糖漿和添加物的品項。我自己使用的是長工醬油出品的「京風仕立て白だし」。

義大利麵條

本書所使用的全部都是 1.6 mm 的義大利麵條，並沒有選用特定的廠牌。1 人份大概是 80g，不過在 100g 內都能以相同的食譜去進行調理。以下提供一個參考標準。能夠剛好通過寶特瓶瓶口的麵條分量大概就是 80 ～ 90g 左右。如果使用粗細或形狀不同的麵條，煮麵的時間就要視情況調整。

橄欖油

推薦各位選擇特級冷壓初榨橄欖油。我愛用的品項是有機尼諾出品的「有機特級冷壓初榨橄欖油」。1 人份的料理大概會使用 2 大匙的量。橄欖油和煮麵後的水或牛奶一起開火煮過之後就會乳化，完成爽口輕盈的醬汁。

如果沒有白高湯的話就要靠這些了！

雖然並不是完全適用所有的食譜，但也可以用沾麵醬汁（不必另外稀釋的非濃縮款）加上鹽來代換。以沾麵醬汁 50㎖：鹽 1 小匙的比例輕輕攪拌混合，並靜置 10 分鐘左右讓鹽溶解。之後就能以跟食譜中的白高湯相同的分量來運用。

如果加入柴魚片（2g）並煮個 5 分鐘再濾掉柴魚片，就會更具風韻味。此外，若是把鹽減為 1/2 小匙，再加入鹽昆布 1/2 小匙的話，就能讓口味變得更加溫和順口。

橄欖油基底

煮麵後的水

只要在白高湯和橄欖油的基底中加入煮過義大利麵條的水，就能製作橄欖油蒜香義大利麵等品項。

 番茄基底

番茄醬

加入番茄醬，就能做出很受日本人喜愛、口味略帶甜味的番茄基底。建議使用不添加高果糖玉米糖漿和添加物的品項。

 奶油基底

牛奶

這種基底會使用牛奶來替代煮麵後的水。因為不是使用生奶油，所以能營造出輕盈不膩口的味道。

 卡波納拉

牛奶、雞蛋、起司粉

白高湯和橄欖油的基底搭配牛奶、雞蛋、起司粉等常見的材料，也能調理出正統風的卡波納拉義大利麵。

 其他

辣味明太子等食材

把辣味明太子或苦椒醬等帶有鹽味的食材拿去和白高湯結合，不管製作的是和風還是韓風口味，每種義大利麵的美味程度都讓人難以抵抗。

基本的道具

平底鍋

因為要放進食材熬煮或翻炒，推薦大家使用直徑 24 cm左右、有深度的平底鍋。也可以不用其他的鍋具、直接拿平底鍋來煮麵條，之後將水倒掉後直接放入配料進行調理。

鍋具

用於煮義大利麵條的器具。本書使用的是口徑 20 cm的單手鍋，但只要裝入的水量可以讓麵條確實浸入水裡，不管使用什麼樣的鍋具都沒問題。

15ml　　5ml

計量匙

用於調味料的計量，有大跟小兩種尺寸。為了不讓味道出現偏差，建議大家務必要準備。選擇金屬製品的話，顏色和氣味都不容易殘留在湯匙上，使用起來很方便。

勺子

要把煮麵後的水從鍋子裡舀進平底鍋的時候，或是最後的盛盤階段都能派上用場。如果挑選附有刻度的勺子，還能用來代替計量杯使用。

廚房剪刀

如果手邊有把廚房剪刀，就能不使用菜刀和砧板、直接平底鍋上剪切肉類或蔬菜，還能減少後續要清洗的器具。此外，選用切好的肉類或蔬菜也是縮短料理時間的訣竅之一。

料理夾

準備好料理夾，在我們要把煮好的麵條移到平底鍋，或者是最後的盛盤階段都會變得方便又順利。雖然用起來比較不順手，但如果大家想要用料理筷來代替的話也是沒問題的。

計量杯

計算煮麵後的水或牛奶等液體食材時會用到的計量器具。因為有時會用來裝溫度高的煮麵水，選擇附把手、耐熱玻璃材質的款式會比較理想。

基本的製作法

各醬汁的黃金比例①

橄欖油基底

製作基本的橄欖油基底，1 人份的量會用到白高湯 2 大匙、橄欖油 2 大匙、煮麵後的水 100 mℓ。使用等量的白高湯和橄欖油，就能調配出口味不會過於偏向和風、平衡度佳的橄欖油基底。如果加入大蒜和紅辣椒的話，就能做出橄欖油蒜香義大利麵的口味。能夠享受到雖然簡單卻富有深度的好味道。

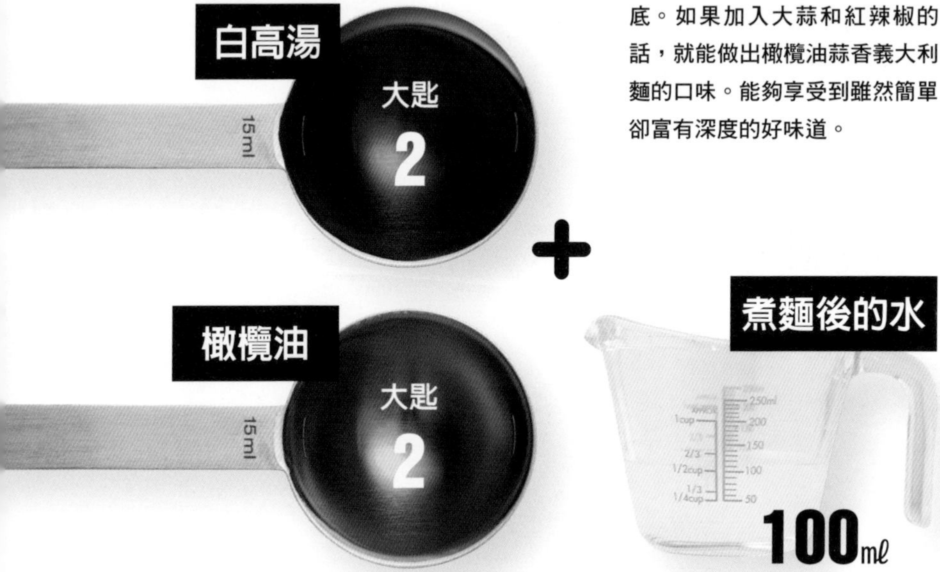
白高湯
大匙
2
15ml
+
橄欖油
大匙
2
15ml
煮麵後的水
100mℓ

推薦用於橄欖油基底的食材

鮪魚或鯖魚、蝦子、魩仔魚等魚貝類食材能增加醬汁的鮮味。雞肉與橄欖油之間的契合度更是不同凡響。為素雅的雞肉增添白高湯的滋味，還能提升用餐的滿足度。另外像是只有菇類或蔬菜的健康風格義大利麵，也能在顯著鮮味的催化下讓人一吃就停不下來。

試著做做看

橄欖香鮪魚義大利麵吧！

BASIC
01
橄欖香鮪魚義大利麵

材料	1人份

義大利麵條──80g

罐裝鮪魚（油漬）──1罐（70g）

紫蘇葉（撕碎）──1～2片的量

白高湯──2大匙

橄欖油──2大匙

煮麵後的水──100ml

STEP 1

橄欖香鮪魚義大利麵的製作法

水煮義大利麵條

本階段會用到的材料

義大利麵條⋯⋯80g

1

用鍋子將水煮到沸騰

在鍋裡裡倒入足夠（這裡是 2ℓ 左右）的水，煮到沸騰。因為不會加入鹽，所以水量不必計算到非常精準。

2

放入義大利麵條

將義大利麵條放進鍋子裡，邊煮邊用料理夾等器具輕輕攪拌。火力控制在較弱的中火。

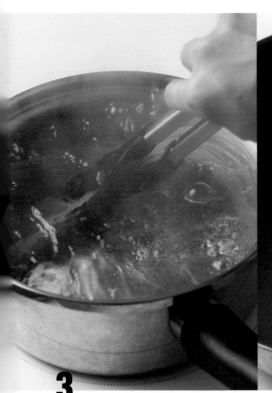 

3

煮麵時間比標示的少 2 分鐘

煮麵的時候,時間要比麵條包裝袋上標
示的建議時間少 2 分鐘。例如袋子上
標示 8 分鐘,煮的時間就是 6 分鐘。

4

將麵條移到平底鍋

時間到了之後,就用料理夾等器具把麵
條移到平底鍋。再取出 100ml 的煮麵後
的水備用。

橄欖香鮪魚義大利麵的製作法

放入材料一起煮

本階段會用到的材料

罐裝鮪魚（油漬）⋯⋯1 罐（70g）
白高湯⋯⋯2 大匙
橄欖油⋯⋯2 大匙
煮麵後的水⋯⋯100㎖

1

將材料放進平底鍋

將白高湯、橄欖油、罐裝鮪魚（連同湯汁）、煮麵後的
水全都放進麵條所在的平底鍋，以較弱的中火開始煮。
如果是一次製作 2 人份的場合，因為水分比較難煮到
收乾，所以煮麵後的水只要 150㎖即可。此外，帶有鹽
味的調味料使用 1.5 倍、其餘材料則是照常變成 2 倍。

2

煮到沸騰後，繼續煮 2 ～ 3 分鐘左右，讓湯汁收乾

煮到沸騰後，一邊偶爾翻炒、一邊繼續煮 2 ～ 3 分鐘左右，

讓湯汁收乾。

STEP 3 收尾並完成

本階段會用到的材料

紫蘇葉（撕碎）⋯⋯1～2 片的量

1

盛裝到器皿，再擺上妝點用的材料

使用料理夾將義大利麵盛裝到器皿，再擺上紫蘇葉。

如果想要讓擺盤更講究的話

1

用料理夾夾起麵條，再將之捲成類圓球狀。

2

像是要移動整團麵球那樣，將麵條移到盤子上。重複幾次，堆疊出高度。

3

在周圍淋上醬汁，再擺上紫蘇葉就完成了！

各醬汁的黃金比例②

番茄基底

番茄基底是以白高湯 1 大匙、橄欖油 2 大匙、番茄醬 1 大匙調製而成。因為使用了番茄醬，所以能催生出日本人喜愛的微甜風味。如果不用番茄醬，而是以白高湯 1 大匙、橄欖油 3 大匙，然後再加上罐裝番茄 200g 去製作的話，就能做出更加正式的番茄醬汁（參考 p80）。

白高湯　15ml　大匙 1

橄欖油　15ml　大匙 2

+

番茄醬　15ml　大匙 1

煮麵後的水

100ml

推薦用於番茄基底的食材

番茄醬汁跟全部的肉類都很好搭配。特別是絞肉的黏性很足，若是搭配合挽肉的話，就能完成肉醬風格的義大利麵。另外只要用牛奶去代替煮麵後的水，就能做出番茄奶油醬汁。可讓人享受到更豐富的風味。

BASIC

02

生火腿番茄義大利麵

材料	1人份

義大利麵條──80g

生火腿──2～3片

A | 白高湯──1大匙
　　　橄欖油──2大匙
　　　番茄醬──1大匙
　　　煮麵後的水──100㎖

MEMO

雖然是番茄醬口味的簡單義大利麵，不過白高湯帶出了更有深度的味道。由於生火腿根據產品不同，鹽味的程度也會有所差異，請依照自己的喜好去調整分量。

製作法

1　水煮義大利麵條

用鍋子將水煮到沸騰後放入麵條，煮麵時間要比麵條包裝袋上標示的建議時間少2分鐘。

2　放入材料一起煮

將 **1** 和 **A** 的材料全都放進平底鍋，以較弱的中火開始煮。煮到沸騰後，一邊偶爾翻炒、一邊繼續煮2～3分鐘左右，讓湯汁收乾。

3　收尾並完成

盛裝到盤子上，擺上生火腿。

各醬汁的黃金比例③

奶油基底

將製作橄欖油基底時用到的煮麵後的水改換成牛奶，也就是用白高湯 2 大匙、橄欖油 2 大匙，然後搭配牛奶 100㎖的話，奶油基底就完成了。因為是橄欖油和牛奶乳化後做成的奶油，會比使用生奶油製作的口味更加輕盈。若是把牛奶換成豆漿，還能做成豆漿風奶油。還有，不讓水分收得過乾，做成湯義大利麵也很好吃喔。

白高湯
15㎖
大匙
2

＋

橄欖油
15㎖
大匙
2

牛奶
250㎖
1cup — 200
2/3 — 150
1/2cup — 100
1/3
1/4cup — 50
100㎖

推薦用於奶油基底的食材

如果選用培根、鮭魚、扇貝、蝦子、菇類等擁有顯著鮮味的食材，就能讓鮮味滲進奶油之中，營造出很棒的風味。和軟滑濃郁的酪梨、菠菜、小松菜等蔬果的契合度更是無庸置疑。要是加入奶油的話，還能讓濃醇感更上一層樓。

BASIC

03

鮮菇奶油義大利麵

材料	1人份

義大利麵條── 80g
鴻禧菇（剝散）── 50g
黑胡椒── 適量

A	白高湯── 2 大匙
	橄欖油── 2 大匙
	牛奶── 100㎖

MEMO ──
如果過度收乾的話可能就會導致油水分離。若是很在意這點，請確實翻拌 2 分鐘左右就可以結束收乾作業。除了鴻禧菇以外，也可以依個人喜好選用舞菇或杏鮑菇。

製作法

1　水煮義大利麵條

用鍋子將水煮到沸騰後放入麵條，煮麵時間要比麵條包裝袋上標示的建議時間少 2 分鐘。

2　放入材料一起煮

將 **1** 和鴻禧菇、**A** 的材料全都放進平底鍋，以較弱的中火開始煮。煮到沸騰之後，一邊偶爾翻炒、一邊繼續煮 2 ～ 3 分鐘左右，讓湯汁收乾。

3　收尾並完成

盛裝到盤子上，撒上黑胡椒。

各醬汁的黃金比例④

卡波納拉基底

將白高湯1大匙、橄欖油2大匙、牛奶與義大利麵一起煮到沸騰後，關火靜置冷卻1分鐘左右，接著再加入雞蛋1個和起司粉2大匙。這麼做就能防止雞蛋和起司粉凝固變硬而導致失敗。如果起司粉選用現削的帕馬森起司會更接近正統風味。也請豪邁地撒上許多黑胡椒吧。

白高湯 大匙 1

橄欖油 大匙 2

牛奶 100㎖

起司粉 大匙 2

雞蛋 1顆

推薦用於卡波納拉基底的食材

藉由雞蛋和起司粉來增添層次感的卡波納拉基底，只要搭配培根或生火腿的話，就能享受到卡波納拉基底既有的豐厚韻味。除此之外，也很推薦以檸檬來添加清爽的酸味。令人意外的是，這款醬汁竟然跟辛奇也非常搭呢。

BASIC

04

卡波納拉義大利麵

a

| 材料 | 1 人份 |

義大利麵條——80g

培根（切成容易食用的大小）
——50g

雞蛋——1 顆

起司粉——2 大匙

黑胡椒——適量

A 白高湯——1 大匙
橄欖油——2 大匙
牛奶——100㎖

MEMO——
秘訣就是先靜置冷卻 1 分鐘後再加入雞蛋和起司粉。這麼做就能輕鬆避免遇熱凝固的問題發生。

製作法

1　水煮義大利麵條

用鍋子將水煮到沸騰後放入麵條，煮麵時間要比麵條包裝袋上標示的建議時間少 2 分鐘。

2　放入材料一起煮

將 **1** 和培根、**A** 的材料全都放進平底鍋，以較弱的中火開始煮。煮到沸騰後，一邊偶爾翻炒、一邊繼續煮約 2 ～ 3 分鐘，讓湯汁收乾。

3　收尾並完成

關火靜置冷卻 1 分鐘左右，接著再加入雞蛋和起司粉，然後邊充分攪拌邊攪散蛋黃**a**。如果這時醬汁過於缺乏黏稠度的話，就開弱火加熱 1 分鐘左右，並且一邊翻拌。最後盛裝到盤子上，撒上黑胡椒。

各醬汁的黃金比例⑤

其他

只要替基礎的白高湯＋橄欖油組合添加帶有鹽味的食材或調味料，就能進行各式各樣的變化。如果使用煮麵後的水就會變成橄欖油基底；如果使用牛奶就會變成奶油基底。基本上，白高湯和帶有鹽味的食材的使用比例是1：1，不過請大家務必要依據食材鹽味的輕重去調整用量。很受大眾歡迎的明太子義大利麵也能成為大家的拿手菜喔。

白高湯　大匙 **1**

＋

橄欖油　大匙 **2**

煮麵後的水 OR **牛奶**

100ml

帶有鹽味的食材

辣味明太子

1 人份的話請使用1/2～1 條辣味明太子。先剝除薄皮之後，直接放進平底鍋裡搗碎翻拌。

沾麵醬汁

只要添加 1 大匙沾麵醬汁或醬油、柚子醋，就能製作跟魩仔魚乾或蔥很搭的和風義大利麵。

苦椒醬

加入 1 大匙苦椒醬，立刻營造出韓國風味。跟結合牛奶的奶油基底也很相襯。

鹽昆布

並非只有鹽味，還能增添濃郁鮮味的鹽昆布，跟放了鮪魚或扇貝的奶油基底真是無比契合。

BASIC

05

明太子奶油義大利麵

材料	1人份

義大利麵條——80g
辣味明太子——1/2～1 條
海苔絲——適量

A 白高湯——1 大匙
橄欖油——2 大匙
牛奶——100㎖

MEMO

之後才放明太子就能保留顆粒分明的脆脆口感。如果用的是煮麵後的水，完成的就是明太子義大利麵。請根據大小和鹽味來調整明太子的使用量。

製作法

1　水煮義大利麵條

用鍋子將水煮到沸騰後放入麵條，煮麵時間要比麵條包裝袋上標示的建議時間少 2 分鐘。

2　放入材料一起煮

將 1 和 **A** 的材料全都放進平底鍋，以較弱的中火開始煮。煮到沸騰後，一邊偶爾翻炒、一邊繼續煮 2～3 分鐘左右，讓湯汁收乾。

3　收尾並完成

關火靜置冷卻 1 分鐘左右，接著再加入明太子，然後邊充分攪拌邊攪散明太子 **ⓐ**。最後盛裝到盤子上，擺上海苔絲。

PART 1
慰勞的義大利麵

即使身心的疲憊感已經到達頂點，

只要還殘留些微幹勁的話，

就還是能輕鬆完成料理。

本單元就集結了這類簡單的食譜。

只要手邊有把廚房剪刀，

就不需要用到菜刀和砧板。

只用冰箱中還有的食材就能製作、

運用 1 樣主材料就能調理⋯⋯

以下將會介紹能讓美味滲入疲倦身體的 21 道品項。

各位朋友，今天也辛苦你們了！

自負地認為
「感覺好像能在
咖啡廳裡販售呢」

番茄

SO TIRED...

01

鮪魚番茄奶油義大利麵

材料　1人份

義大利麵條──80g
罐裝鮪魚（油漬）──1 罐（70g）
巴西里（乾燥／瓶裝）──撒 2 ～ 3 次
A | 白高湯──1 大匙
　　| 橄欖油──2 大匙
　　| 番茄醬──1 大匙
　　| 牛奶──100㎖

MEMO
雖然看起來感覺精簡了流程與材料，不過
還是道成品非常好吃的食譜。

製作法

1　水煮義大利麵條

用鍋子將水煮到沸騰後放入麵條，煮麵時間要
比麵條包裝袋上標示的建議時間少 2 分鐘。

2　放入材料一起煮

將 **1** 和罐裝鮪魚（連同湯汁）、**A** 的材料全都放
進平底鍋，以較弱的中火開始煮。煮到沸騰
後，一邊偶爾翻炒、一邊繼續煮 2 ～ 3 分鐘
左右，讓湯汁收乾。

3　收尾並完成

盛裝到盤子上，撒上巴西里。

SO TIRED...

02

雞肉蔥鹽風義大利麵

蔥鹽口味 也能做成義大利麵喔。

| 材料 | 1 人份 |

義大利麵條──80g

雞腿肉（切成一口大小）──50g

長蔥（切成蔥花）──2～3大匙

黑胡椒──適量

A │ 白高湯──2大匙
　　│ 橄欖油──2大匙
　　│ 蒜泥（軟管裝）──1小匙
　　│ 煮麵後的水──100㎖

| 製作法 |

1 水煮義大利麵條

用鍋子將水煮到沸騰後放入麵條，煮麵時間要比麵條包裝袋上標示的建議時間少2分鐘。

2 放入材料一起煮

將**1**和雞腿肉、長蔥、**A**的材料全都放進平底鍋，以較弱的中火開始煮。煮到沸騰後，一邊偶爾翻炒、一邊繼續煮3～4分鐘，讓湯汁收乾。

3 收尾並完成

盛裝到盤子上，撒上黑胡椒。

MEMO────

因為只有白高湯，並沒有實際用到鹽，所以在Instagram就有人問我「蔥鹽的『鹽』在哪裡呀」，所以我就以蔥鹽「風」來命名了。這是道受到萬人喜愛的好口味。

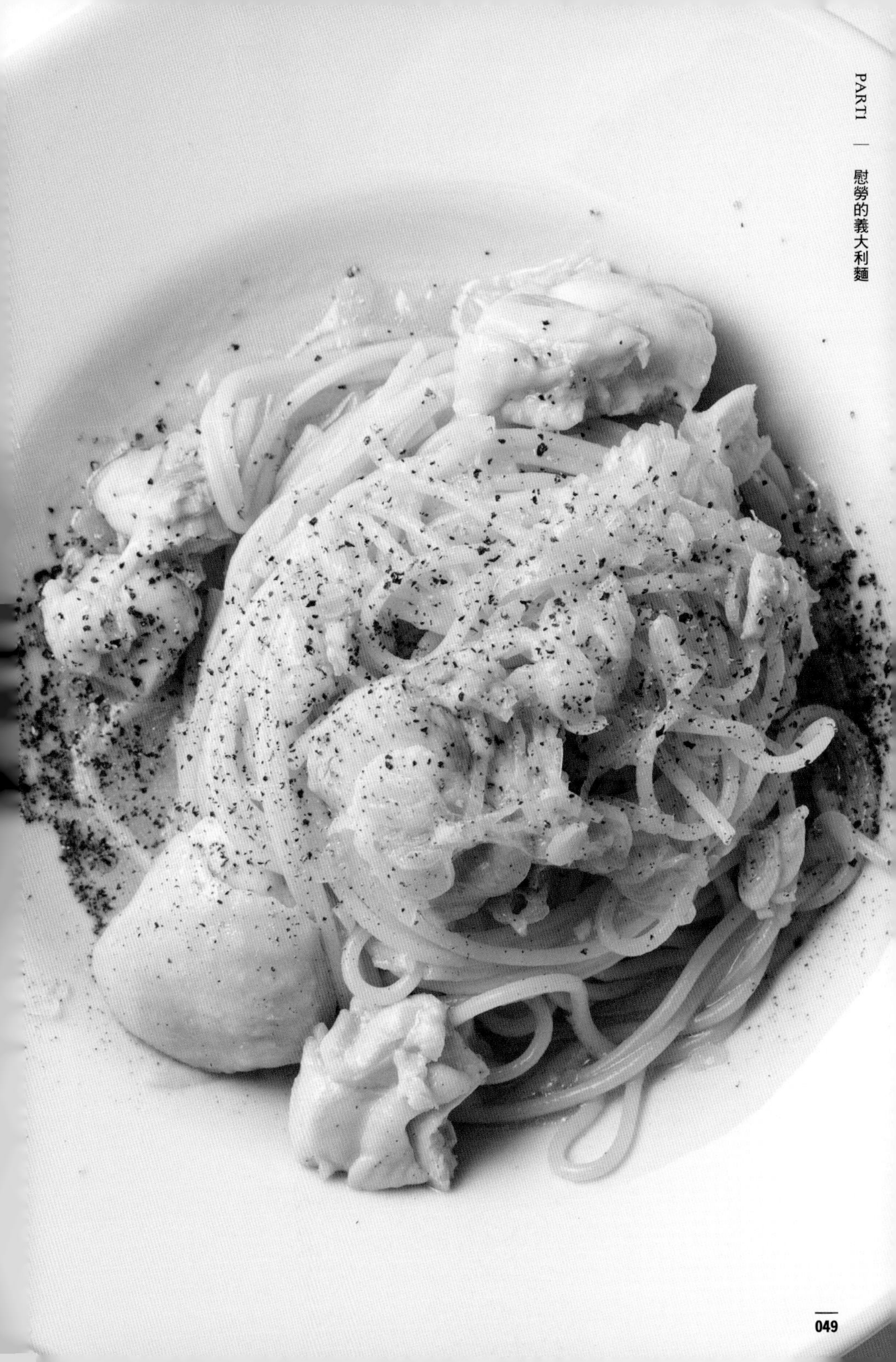

SO TIRED...

03

鮮蝦檸檬奶油義大利麵

材料	1人份

義大利麵條──80g

蝦仁──5～6尾

巴西里（乾燥／瓶裝）

　　──撒 2～3 次

黑胡椒──適量

檸檬（如能準備，切圓片）──2 片

A	白高湯──2 大匙
	橄欖油──2 大匙
	檸檬汁──1 小匙
	牛奶──100㎖

MEMO

百忙之中竟然還特地去買檸檬來切片，各位真的很了不起呢。攝取一些檸檬酸，養足精神度過每一天吧！

製作法

1　水煮義大利麵條

用鍋子將水煮到沸騰後放入麵條，煮麵時間要比麵條包裝袋上標示的建議時間少 2 分鐘。

2　放入材料一起煮

將 1 和蝦仁、A 的材料全都放進平底鍋，以較弱的中火開始煮。煮到沸騰後，一邊偶爾翻炒、一邊繼續煮 2～3 分鐘左右，讓湯汁收乾（若是擔心油水分離的話，請於關火後再加入檸檬汁並攪拌混合）。

3　收尾並完成

盛裝到盤子上，撒上巴西里和黑胡椒。如果能準備的話，最後擺上檸檬片點綴。

特地買檸檬來切片的各位，

真的很了不起呢！

SO TIRED...

04

絞肉與鴻禧菇番茄義大利麵

材料 1 人份

義大利麵條──80g

合挽肉──50g

鴻禧菇（剝散）──100g

起司粉──1 大匙

黑胡椒──適量

A │ 白高湯──1 大匙

　　│ 橄欖油──2 大匙

　　│ 番茄醬──1 大匙

　　│ 蒜泥（軟管裝）──1/2 小匙

　　│ 煮麵後的水──100㎖

製作法

1　水煮義大利麵條

用鍋子將水煮到沸騰後放入麵條，煮麵時間要比麵條包裝袋上標示的建議時間少 2 分鐘。

2　放入材料一起煮

將 1 和合挽肉、鴻禧菇、A 的材料全都放進平底鍋，以較弱的中火開始煮。煮到沸騰後，一邊偶爾翻炒、一邊繼續煮 2 ～ 3 分鐘左右，讓湯汁收乾。

3　收尾並完成

盛裝到盤子上，撒上起司粉和黑胡椒。

MEMO ──
藉由番茄醬來將番茄醬汁這個經典招牌口味轉換成酸甜風味。鴻禧菇先用廚房剪刀去除根部後再剝散，過程中不需要用到菜刀和砧板。

就算忙碌也要　做出正統派口味。

新作食譜之中

我最推薦的一道！

其他

SO TIRED...

05

山椒小魚佐青海苔奶油義大利麵

材料 1 人份

義大利麵條——80g
山椒小魚——40g
青海苔（點綴用）——1 小匙
黑胡椒——適量

A | 白高湯——1 大匙
　　橄欖油——2 大匙
　　青海苔——1 大匙
　　牛奶——100㎖

MEMO
山椒與青海苔的香氣融進了奶油基底裡頭，令人欲罷不能。這是新作食譜之中我最推薦的一道。因為是道私房名作，如果大家願意試著做來吃吃看的話，我會非常開心的。

製作法

1　水煮義大利麵條

用鍋子將水煮到沸騰後放入麵條，煮麵時間要比麵條包裝袋上標示的建議時間少 2 分鐘。

2　放入材料一起煮

將 1 和山椒小魚、A 的材料全都放進平底鍋，以較弱的中火開始煮。煮到沸騰後，一邊偶爾翻炒、一邊繼續煮 2～3 分鐘左右，讓湯汁收乾。

3　收尾並完成

盛裝到盤子上，撒上青海苔和黑胡椒。

雖然不夠吸睛，卻能為你帶來滿滿活力。

其他

SO TIRED...

06

梅子與和布蕪和風橄欖香義大利麵

材料	1 人份

義大利麵條──80g

蜂蜜梅干（去籽）── 1～2 顆

和布蕪── 30～40g

黑胡椒──適量

A │ 白高湯──1 大匙
│ 橄欖油──2 大匙
│ 煮麵後的水──100㎖

推薦使用市面上販售的蜂蜜梅干。不僅鹽分低，溫和的甜味也會成為醬汁的重點。

製作法

1　水煮義大利麵條

用鍋子將水煮到沸騰後放入麵條，煮麵時間要比麵條包裝袋上標示的建議時間少 2 分鐘。

2　放入材料一起煮

將 **1** 和梅干、和布蕪、**A** 的材料全都放進平底鍋，以較弱的中火開始煮。煮到沸騰後，一邊偶爾翻炒、一邊繼續煮 2～3 分鐘左右，讓湯汁收乾（過程中要把梅干肉搗碎）。

3　收尾並完成

盛裝到盤子上，撒上黑胡椒。

MEMO

即便是帶著一身疲憊返家，只要把食材從冰箱裡拿出來就能迅速完成，正是這道食譜最棒的特點。梅子也能讓人補充元氣呢！

不知不覺間就囤積好多醃牛肉。

SO TIRED...

07

醃牛肉與菠菜番茄義大利麵

材料 1 人份

義大利麵條——80g

醃牛肉（罐裝）——80g

菠菜（切除根部）——2 株

黑胡椒——適量

A ┌ 白高湯——1 大匙

├ 橄欖油——2 大匙

├ 番茄醬——1 大匙

├ 奶油——15g

└ 煮麵後的水——100mℓ

MEMO ———

罐裝醃牛肉在便利商店就能輕鬆入手。我小時候曾在菲律賓生活，那個時候就吃了不少，所以這也是道寄託回憶的品項。

製作法

1 水煮義大利麵條

用鍋子將水煮到沸騰後放入麵條，煮麵時間要比麵條包裝袋上標示的建議時間少 2 分鐘。

2 放入材料一起煮

將 1 和醃牛肉、菠菜、**A** 的材料全都放進平底鍋，以較弱的中火開始煮。煮到沸騰後，一邊偶爾翻炒、一邊繼續煮 2 ～ 3 分鐘左右，讓湯汁收乾。

3 收尾並完成

盛裝到盤子上，撒上黑胡椒。最後可依個人喜好再擺上奶油（分量外）。

民族風與和風的**精華結合**。

橄欖油

SO TIRED...

08

櫻花蝦與獅子唐橄欖香義大利麵

材料 1人份

義大利麵條——80g

櫻花蝦（乾燥）——15g

獅子唐辛子——4條

黑胡椒——適量

A 白高湯——2大匙

橄欖油——2大匙

蒜泥（軟管裝）——1/2小匙

煮麵後的水——100㎖

MEMO

滲入獅子唐辛子香氣的橄欖油醬汁真是絕品。不加入義大利麵條，用牛奶來替代煮麵後的水，接著用攪拌機充分攪拌後做成濃湯也非常美味。

製作法

1   水煮義大利麵條

用鍋子將水煮到沸騰後放入麵條，煮麵時間要比麵條包裝袋上標示的建議時間少2分鐘。

2   放入材料一起煮

將**1**和櫻花蝦、獅子唐辛子、**A**的材料全都放進平底鍋，以較弱的中火開始煮。煮到沸騰後，一邊偶爾翻炒、一邊繼續煮2～3分鐘左右，讓湯汁收乾。

3   收尾並完成

盛裝到盤子上，撒上黑胡椒。

鮮味強烈、風味濃郁。

橄欖油

SO TIRED...

09

扇貝蒜香奶油義大利麵

材料　1 人份

義大利麵條——80g
小扇貝（水煮過）——5～6 個
青海苔——1 小撮
A ┌ 白高湯——2 大匙
　　│ 橄欖油——2 大匙
　　│ 蒜泥（軟管裝）——1/2 小匙
　　│ 奶油——15g
　　└ 煮麵後的水——100㎖

MEMO

因為我很喜歡鮮明的味道，所以這是我想特別推薦的一個品項。雖然吃起來的感受因人而異，但如果口味做得太淡，優點就會不見了。

製作法

1　水煮義大利麵條

用鍋子將水煮到沸騰後放入麵條，煮麵時間要比麵條包裝袋上標示的建議時間少 2 分鐘。

2　放入材料一起煮

將 **1** 和小扇貝、**A** 的材料全都放進平底鍋，以較弱的中火開始煮。煮到沸騰後，一邊偶爾翻炒、一邊繼續煮 2～3 分鐘左右，讓湯汁收乾。

3　收尾並完成

盛裝到盤子上，撒上青海苔。

洋溢 章魚燒般的氛圍◎

其他

SO TIRED...

10

章魚和風奶油義大利麵

TOP
9

材料	1人份

義大利麵條──80g

水煮章魚（切塊／刺身用）──50g

柴魚片──2 小撮

青海苔──1 小撮

A │ 白高湯──1 大匙

│ 橄欖油──2 大匙

│ 沾麵醬汁（非濃縮款）

│　　──1 大匙

│ 奶油──15g

│ 煮麵後的水──100㎖

將章魚水煮後切塊販售的商品。這種章魚塊可以直接使用，相當方便。

製作法

1　水煮義大利麵條

用鍋子將水煮到沸騰後放入麵條，煮麵時間要比麵條包裝袋上標示的建議時間少 2 分鐘。

2　放入材料一起煮

將 **1** 和水煮章魚、**A** 的材料全都放進平底鍋，以較弱的中火開始煮。煮到沸騰後，一邊偶爾翻炒、一邊繼續煮 2～3 分鐘左右，讓湯汁收乾。

3　收尾並完成

盛裝到盤子上，撒上柴魚片和青海苔。

MEMO

在 Instagram 上很受歡迎，能看到柴魚片翩翩起舞的和風義大利麵。可以添加美乃滋來變化口味。

以下是配合加班當天的回家時間，
讓各位都能輕鬆做出好吃的慰勞義大利麵的嚴選食譜。

明明超簡潔
卻讓人無比滿足。

🕐 **20:00**
順道去趟超市再回家吧

其他

SO TIRED...

11

涮豬肉與紫蘇葉和風柚子醋義大利麵

Recipe _ p.64

這是我在某個先去趟超市才回家的日子，從藥膳中獲得
靈感所想出的元氣食譜。將紫蘇葉跟其他材料一起煮，
香氣就能融入醬汁裡面。

🕐 *22:00*

如果還有尚未打烊的超市的話……

只有一種食材，不管多累都能做來吃。

其他

SO TIRED...

12

疲倦時可做的花椰菜 Cacio e Pepe

Recipe _ p.64

所謂的「Cacio e Pepe」，就是加入起司和黑胡椒的簡單款義大利麵。雖然製作時間很短，卻是相當正統的義大利麵。就算花椰菜只放 1/2 株也還是很好吃。

00:00

壓線趕上末班車了！等等就去趟超商

說服自己這就是 **最棒的深夜料理**。

番茄

SO TIRED...

13

番茄辣醬義大利麵

Recipe _ p.65

把醬料簡化成日本人喜愛的甜辣番茄醬，仿照辣味茄醬風格的品項。用手直接將超商購買的薄切培根撕成小塊，就能盡可能減少事後要清洗的用具。

01:00

如果想用家裡有的東西
稍微填填肚子的話……

適合有點想攝取鹽分 的時刻 。

其他

SO TIRED...

14
鮪魚美乃滋佐鹽昆布義大利麵

Recipe _ p.65

TOP 8

若是累得連順道去買東西的力氣都沒有的時候，就要全
面活用家中有的食材。藉由鮪魚、鹽昆布、美乃滋這個
經典組合，為自己補充能量。

涮豬肉與紫蘇葉
和風柚子醋義大利麵

材料	1人份

義大利麵條──80g
豬肉綜合邊角肉──50g
紫蘇葉──5～6 片
A │ 白高湯──1 大匙
　　│ 橄欖油──2 大匙
　　│ 柚子醋醬油──1 大匙
　　│ 煮麵後的水──100ml

製作法

1　水煮義大利麵條

用鍋子將水煮到沸騰後放入麵條，煮麵時間要比麵條包裝袋上標示的建議時間少 2 分鐘。

2　放入材料一起煮

將 **1** 和豬肉綜合邊角肉、紫蘇葉、**A** 的材料全都放進平底鍋，以較弱的中火開始煮。煮到沸騰後，一邊偶爾翻炒、一邊繼續煮 2～3 分鐘左右，讓湯汁收乾。

疲倦時可做的花椰菜
Cacio e Pepe

材料	1人份

義大利麵條──80g
花椰菜──1/2 株
起司粉──3 大匙
黑胡椒──1/2 小匙
A │ 白高湯──1 大匙
　　│ 橄欖油──2 大匙
　　│ 煮麵後的水──100ml

花椰菜整個放進去水煮的話就不容易散開。

製作法

1　水煮義大利麵條和花椰菜

用鍋子將水煮到沸騰後放入麵條和花椰菜，煮的時間要比麵條包裝袋上標示的建議時間少 2 分鐘❶。

2　放入材料一起煮

將 **1** 和 **A** 的材料全都放進平底鍋，以較弱的中火開始煮。煮到沸騰後，先弄散花椰菜，然後一邊偶爾翻炒、一邊繼續煮 2～3 分鐘左右，讓湯汁收乾。

3　收尾並完成

關火靜置冷卻 1 分鐘左右，盛裝到盤子上，撒上起司粉和黑胡椒。

番茄辣醬義大利麵

| 材料 | 1人份 |

義大利麵條 ― 80g
培根（薄切／撕開）― 2 片的量
起司粉 ― 1 大匙

A ｜ 白高湯 ― 1 大匙
　｜ 橄欖油 ― 2 大匙
　｜ 番茄醬 ― 1 大匙
　｜ 一味唐辛子 ― 1/2 小匙
　｜ 蒜泥（軟管裝）― 1 小匙
　｜ 煮麵後的水 ― 100ml

製作法

1　水煮義大利麵條

用鍋子將水煮到沸騰後放入麵條，煮麵時間要比麵條包裝袋上標示的建議時間少 2 分鐘。

2　放入材料一起煮

將 **1** 和培根、**A** 的材料全都放進平底鍋，以較弱的中火開始煮。煮到沸騰後，一邊偶爾翻炒、一邊繼續煮約 2～3 分鐘，讓湯汁收乾。

3　收尾並完成

盛裝到盤子上，撒上起司粉。

鮪魚美乃滋佐鹽昆布義大利麵

| 材料 | 1人份 |

義大利麵條 ― 80g
罐裝鮪魚（油漬）― 1 罐（70g）

A ｜ 白高湯 ― 1 大匙
　｜ 橄欖油 ― 2 大匙
　｜ 美乃滋 ― 1 大匙
　｜ 鹽昆布 ― 1 大匙
　｜ 煮麵後的水 ― 100ml

製作法

1　水煮義大利麵條

用鍋子將水煮到沸騰後放入麵條，煮麵時間要比麵條包裝袋上標示的建議時間少 2 分鐘。

2　放入材料一起煮

將 **1** 和罐裝鮪魚（連同湯汁）、**A** 的材料全都放進平底鍋，以較弱的中火開始煮。煮到沸騰後，一邊偶爾翻炒、一邊繼續煮 2～3 分鐘左右，讓湯汁收乾。

沙拉風格的義大利麵，**也很適合帶便當！**

番茄

SO TIRED...

15

雞柳紫蘇葉番茄奶油義大利麵

材料 　1 人份

義大利麵條——80g
雞柳（切成一口大小）——2 條的量
紫蘇葉（撕碎）——5 ～ 6 片的量

A | 白高湯——1 大匙
　　| 橄欖油——2 大匙
　　| 番茄醬——1 大匙
　　| 奶油起司——15g
　　| 牛奶——100㎖

MEMO

風味素雅的雞柳，和味道濃郁的番茄奶油起司基底很搭。紫蘇葉則是在這裡扮演了提味的角色。就算不小心放到冷掉也還是很好吃。

製作法

1　水煮義大利麵條

用鍋子將水煮到沸騰後放入麵條，煮麵時間要比麵條包裝袋上標示的建議時間少 2 分鐘。

2　放入材料一起煮

將 **1** 和雞柳、紫蘇葉、**A** 的材料全都放進平底鍋，以較弱的中火開始煮。煮到沸騰後，一邊偶爾翻炒、一邊繼續煮 2 ～ 3 分鐘左右，讓湯汁收乾。

用廚房剪刀將雞柳剪成一口大小。如果希望比較容易煮熟的話，可以處理得再小塊一點。

總覺得很高雅，但只要花10分鐘。

SO TIRED...

16

鮭魚鬆與舞菇和風義大利麵

材料	1人份

義大利麵條——80g

舞菇（剝散）——1/2 包

鮭魚鬆——2 大匙

起司粉——1 大匙

A 白高湯——1 大匙

　　橄欖油——2 大匙

　　沾麵醬汁（非濃縮款）

　　　——1 大匙

　　煮麵後的水——100㎖

MEMO——

各位，不光只是用來配白飯，鮭魚鬆也能撒到義大利麵上享用的時代已經來臨了。希望能帶給大家「今天一天都很努力呢」的氣氛。

製作法

1　水煮義大利麵條

用鍋子將水煮到沸騰後放入麵條，煮麵時間要比麵條包裝袋上標示的建議時間少 2 分鐘。

2　放入材料一起煮

將 1 和舞菇、**A** 的材料全都放進平底鍋，以較弱的中火開始煮。煮到沸騰後，一邊偶爾翻炒、一邊繼續煮約 2 ～ 3 分鐘，讓湯汁收乾。

3　收尾並完成

盛裝到盤子上，撒上鮭魚鬆和起司粉。

最能輕輕鬆鬆就完成的一道。

橄欖油

SO TIRED...

17

納豆奶油和風義大利麵

材料　1人份

義大利麵條——80g

納豆（隨附的醬汁跟芥子醬也使用）
　——1包

青海苔——1小撮

黑胡椒——適量

A｜白高湯——2大匙
　｜奶油——15g
　｜橄欖油——2大匙
　｜煮麵後的水——100㎖

MEMO

根據我在 Instagram 上的統計，每個人家裡的冰箱中幾乎都有納豆。如果想不出該做什麼料理才好的時候，不妨立刻試著做做看喔。

製作法

1　水煮義大利麵條

用鍋子將水煮到沸騰後放入麵條，煮麵時間要比麵條包裝袋上標示的建議時間少 2 分鐘。

2　放入材料一起煮

將 **1** 和納豆（隨附的醬汁跟芥子醬也使用）、**A** 的材料全都放進平底鍋，以較弱的中火開始煮。煮到沸騰後，一邊偶爾翻炒、一邊繼續煮 2～3 分鐘左右，讓湯汁收乾。

3　收尾並完成

盛裝到盤子上，撒上青海苔和黑胡椒。最後可依個人喜好再擺上奶油（分量外）。

奶油

SO TIRED...

18

魩仔魚醬油奶香義大利麵

材料　1人份

義大利麵條——80g
魩仔魚乾——30g
青蔥（切成蔥花）——2 大匙
A　白高湯——2 大匙
　　　橄欖油——2 大匙
　　　薑泥（軟管裝）——1 小匙
　　　牛奶——100㎖

MEMO
我個人特別偏重口味，所以在想要感受
「照片無法呈現的微微幸福感」的時候做
了這一道。相信我，薑跟魩仔魚真的很契
合喔。

製作法

1　水煮義大利麵條

用鍋子將水煮到沸騰後放入麵條，煮麵時間要
比麵條包裝袋上標示的建議時間少 2 分鐘。

2　放入材料一起煮

將 **1** 和魩仔魚乾、**A** 的材料全都放進平底鍋，
以較弱的中火開始煮。煮到沸騰後，一邊偶爾
翻炒、一邊繼續煮 2～3 分鐘左右，讓湯汁
收乾。

3　收尾並完成

盛裝到盤子上，撒上青蔥。

讓人安心 的口味。

中華炒麵風格！

橄欖油

SO TIRED...

19

豆苗與蘑菇橄欖油蒜香義大利麵

材料　1人份

義大利麵條──80g
蘑菇（剁碎）──4朵的量
豆苗（切除根部）──1/2 包

A ｜ 白高湯──2 大匙
　　｜ 橄欖油──2 大匙
　　｜ 蒜泥（軟管裝）──1 小匙
　　｜ 紅辣椒（切圓片）──1 條的量
　　｜ 煮麵後的水──100㎖

MEMO
因為覺得中華料理店賣的炒豆苗很好吃，所以就做了這一道。風格很正統，吃過了就會上癮。如果有廚房剪刀的話，切除豆苗根部時就不必使用菜刀。

製作法

1　水煮義大利麵條

用鍋子將水煮到沸騰後放入麵條，煮麵時間要比麵條包裝袋上標示的建議時間少 2 分鐘。

2　放入材料一起煮

將**1**和蘑菇、豆苗、**A**的材料全都放進平底鍋，以較弱的中火開始煮。煮到沸騰後，一邊偶爾翻炒、一邊繼續煮 2 ～ 3 分鐘左右，讓湯汁收乾。

蘑菇直接用手剝碎後再放進去，就能充分沾附醬汁。

雖然沒有肉，滿足度卻意外地高⊙

20

嫩筍鮮菇苦椒奶油義大利麵

材料	1 人份

義大利麵條──80g

筍尖（水煮）──3～4 片切片

金針菇（切除根部）──1/2 株

起司粉──1 大匙

黑胡椒──適量

A　白高湯──1 大匙
　　橄欖油──2 大匙
　　苦椒醬──1 大匙
　　牛奶──100㎖

MEMO ──

富含膳食纖維的韓國風味品項，沒有使用肉類和魚貝類，不讓身體過度負擔的同時也還是能獲得大大滿足。因為使用的是從魚類萃取的白高湯，如果是吃海鮮素的朋友請務必要試試看喔。

製作法

1　水煮義大利麵條

用鍋子將水煮到沸騰後放入麵條，煮麵時間要比麵條包裝袋上標示的建議時間少 2 分鐘。

2　放入材料一起煮

將 **1** 和筍尖、金針菇、**A** 的材料全都放進平底鍋，以較弱的中火開始煮。煮到沸騰後，一邊偶爾翻炒、一邊繼續煮 2～3 分鐘左右，讓湯汁收乾。

3　收尾並完成

盛裝到盤子上，撒上起司粉和黑胡椒。

無論在男女老幼族群

都大獲好評 。

其他

SO TIRED...

21

生火腿奶油玉米風味義大利麵

材料 1人份

義大利麵條——80g

生火腿——2～3片

玉米濃湯粉——20g

巴西里（乾燥／瓶裝）

　　——撒2～3次

A｜白高湯——1大匙

　｜橄欖油——2大匙

　｜奶油——15g

　｜牛奶——100㎖

使用玉米濃湯粉和牛奶就能輕鬆做出奶油玉米風味的醬汁。

製作法

1　水煮義大利麵條

用鍋子將水煮到沸騰後放入麵條，煮麵時間要比麵條包裝袋上標示的建議時間少2分鐘。

2　放入材料一起煮

將 **1** 和玉米濃湯粉、**A** 的材料全都放進平底鍋，以較弱的中火開始煮。煮到沸騰後，一邊偶爾翻炒、一邊繼續煮2～3分鐘左右，讓湯汁收乾。

3　收尾並完成

盛裝到盤子上，擺上生火腿後再撒上巴西里。

MEMO ——

能夠品嘗到玉米甜味的奶香風格義大利麵。如果是要做給小朋友吃的話，也可以把生火腿換成維也納香腸或培根。

PART 2
平日的義大利麵

下班後往往都是去買外食或是現成熟食配菜，
然後就這麼解決每一天的晚餐。
接下來，將會介紹能讓各位改變這樣的狀態、
可以在返家後自炊完成好味道的
平日取向 10 分鐘義大利麵。
不但可以節省時間和金錢，
更能提升迎向明天的動力。
請大家藉由這些優秀的食譜，
來紓解自己的壓力吧。

難以抗拒 的美味搭檔。

其他
WEEKDAYS
01
魩仔魚與櫛瓜和風義大利麵

材料 ── 1 人份

義大利麵條──80g
魩仔魚乾──30g
櫛瓜（切成 1 cm 厚的半月形）
　──1/3 條的量
黑胡椒──適量
A | 白高湯──1 大匙
　　| 橄欖油──2 大匙
　　| 沾麵醬汁（非濃縮款）
　　　──1 大匙
　　| 奶油──15g
　　| 煮麵後的水──100㎖

將櫛瓜剖半之後，再切成 1 cm 厚的半月形。

製作法

1　水煮義大利麵條

用鍋子將水煮到沸騰後放入麵條，煮麵時間要比麵條包裝袋上標示的建議時間少 2 分鐘。

2　放入材料一起煮

將 1 和魩仔魚乾、櫛瓜、**A** 的材料全都放進平底鍋，以較弱的中火開始煮。煮到沸騰後，一邊偶爾翻炒、一邊繼續煮 2 ～ 3 分鐘左右，讓湯汁收乾。

3　收尾並完成

盛裝到盤子上，撒上黑胡椒。最後可依個人喜好再擺上奶油（分量外）。

MEMO ──

我非常喜愛魩仔魚和奶油的組合，所以做出了這一道。與櫛瓜的甜味更是相輔相成，讓人一吃就停不下筷子。推薦度我給 5 顆星！

番茄

WEEKDAYS

02

鮮蝦莫札瑞拉番茄義大利麵

材料　1人份

義大利麵條──80g

蝦仁──6～7尾

莫札瑞拉起司（切成4等分）

　──1/2塊的量

羅勒（撕碎）──1～2片的量

黑胡椒──適量

A 白高湯──1大匙

　　橄欖油──3大匙

　　煮麵後的水──50㎖

　　罐裝切塊番茄──200g

使用罐裝番茄就能完成正統的番茄醬汁。推薦選用不需要再搗碎的切塊番茄品項。

製作法

1　水煮義大利麵條

用鍋子將水煮到沸騰後放入麵條，煮麵時間要比麵條包裝袋上標示的建議時間少2分鐘。

2　放入材料一起煮

將1和蝦仁、莫札瑞拉起司、**A**的材料全都放進平底鍋，以較弱的中火開始煮。煮到沸騰後，一邊偶爾翻炒、一邊繼續煮2～3分鐘左右，讓湯汁收乾。

3　收尾並完成

盛裝到盤子上，撒上羅勒和黑胡椒。

MEMO ──

無庸置疑的組合。如果用生火腿去代替蝦仁的話還能做出另一種美味。

TOP
7

讓你很想跟他人分享的

優質風味。

無可挑剔，擄獲眾人的心。

奶油

WEEKDAYS

03

鮮蝦與酪梨奶油義大利麵

材料　1人份

義大利麵條──80g

蝦仁──5～6尾

酪梨（切成 1.5 ㎝小塊）
──1/2 顆的量

巴西里（乾燥／瓶裝）
──撒 2～3 次

A｜白高湯──2 大匙
　｜橄欖油──2 大匙
　｜牛奶──100㎖

MEMO

在 Instagram 也非常受歡迎，如果有人請你做道料理來嘗嘗的話，這就是一道端出來絕對會讓人喜愛的餐點。

製作法

1　水煮義大利麵條

用鍋子將水煮到沸騰後放入麵條，煮麵時間要比麵條包裝袋上標示的建議時間少 2 分鐘。

2　放入材料一起煮

將 **1** 和蝦仁、酪梨、**A** 的材料全都放進平底鍋中，以較弱的中火開始煮。煮到沸騰後，一邊偶爾翻炒，一邊繼續煮 2～3 分鐘左右，讓湯汁收乾。

3　收尾並完成

盛裝到盤子上，撒上巴西里。

短時間內

做出餐廳的口味。

番茄

WEEKDAYS

04

豬肉與橄欖番茄義大利麵

材料 1 人份

義大利麵條──80g

豬肉綜合邊角肉──50g

黑橄欖（去籽／對半切開）

　──4 顆的量

羅勒──2～3 片

起司粉──1 大匙

A ｜ 白高湯──1 大匙

　　橄欖油──2 大匙

　　番茄醬──1 大匙

　　蒜泥（軟管裝）

　　　──1/2 小匙

　　煮麵後的水──100㎖

製作法

1　水煮義大利麵條

用鍋子將水煮到沸騰後放入麵條，煮麵時間要比麵條包裝袋上標示的建議時間少 2 分鐘。

2　放入材料一起煮

將 **1** 和豬肉綜合邊角肉、黑橄欖、**A** 的材料全都放進平底鍋，以較弱的中火開始煮。煮到沸騰後，一邊偶爾翻炒、一邊繼續煮 2～3 分鐘左右，讓湯汁收乾。

3　收尾並完成

盛裝到盤子上，擺上羅勒後再撒上起司粉。

MEMO ──

接近正統風格的義大利餐食。因為是會讓你想要搭配酒享用的一道料理，建議大家可以在平日比較悠閒的時候嘗試看看。

WEEKDAYS

05

水晶雞梅薑番茄義大利麵

幫雞肉沾附太白粉的階段。多餘的粉可抖掉後再使用。

材料 ｜ 1人份

義大利麵條——80g

雞胸肉（切成較小的一口大小，然後調配2大匙太白粉和2小撮鹽之後再沾附）——50g

蜂蜜梅干（去籽）——2顆

萬能蔥（切成蔥花）——1大匙

A ┃ 白高湯——1大匙
 ┃ 橄欖油——2大匙
 ┃ 番茄醬——1大匙
 ┃ 薑泥（軟管裝）——1小匙
 ┃ 煮麵後的水——100mℓ

製作法

1　水煮義大利麵條和雞胸肉

用鍋子將水煮到沸騰後放入麵條，煮麵時間要比麵條包裝袋上標示的建議時間少2分鐘。雞胸肉也一起放進去，煮2分鐘後就取出。

2　放入材料一起煮

將1和梅干、**A**的材料全都放進平底鍋，以較弱的中火開始煮。煮到沸騰後，一邊偶爾翻炒、一邊繼續煮約2～3分鐘，讓湯汁收乾（過程中要把梅干肉搗碎）。

3　收尾並完成

盛裝到盤子上，撒上萬能蔥。

MEMO ——

只要多了沾附太白粉這道工序就能讓雞肉呈現Q彈的口感。裹上一層和風番茄醬之後簡直就是絕品！

只要一點小工夫，就能讓雞肉變得Q彈。

酸味是**全新感受！**

其他

WEEKDAYS

06

鮪魚與青椒和風柚子醋義大利麵

材料　1人份

義大利麵條⋯⋯80g

青椒（切成青椒圈）⋯⋯1顆的量

鮪魚（刺身用，使用邊角肉／

　撒上1小撮鹽）⋯⋯50g

柴魚片⋯⋯適量

A｜白高湯⋯⋯1大匙

　｜橄欖油⋯⋯2大匙

　｜柚子醋醬油⋯⋯1大匙

　｜砂糖⋯⋯1/2小匙

　｜煮麵後的水⋯⋯100㎖

MEMO ⸻

以為鮪魚是主角、實際上青椒才是重點的義
大利麵。這道食譜的構想是源自於在懷石料
理中吃到的青椒與醃漬鮪魚拌土佐醋。

製作法

1　水煮義大利麵條

用鍋子將水煮到沸騰後放入麵條，煮麵時間要
比麵條包裝袋上標示的建議時間少2分鐘。

2　放入材料一起煮

將1和青椒、A的材料全都放進平底鍋，以較
弱的中火開始煮。煮到沸騰後，一邊偶爾翻
炒、一邊繼續煮約2～3分鐘，讓湯汁收乾。

3　收尾並完成

盛裝到盤子上，擺上鮪魚後再撒上柴魚片。

滿足度 **MAX**。

卡波納拉

WEEKDAYS

07

辛奇豬肉起司卡波納拉義大利麵

材料 1人份

義大利麵條──80g
豬肉綜合邊角肉──50g
白菜辛奇──40g
雞蛋──1顆
起司絲──2大匙
起司粉──1大匙
巴西里（乾燥／瓶裝）
　──撒2～3次
A │ 白高湯──1大匙
　│ 橄欖油──2大匙
　│ 牛奶──150㎖

MEMO ─────
美味絕頂的分量滿滿義大利麵。就讓好吃的東西來驅散平日所累積的壓力吧！

製作法

1　水煮義大利麵條

用鍋子將水煮到沸騰後放入麵條，煮麵時間要比麵條包裝袋上標示的建議時間少2分鐘。

2　放入材料一起煮

將 **1** 和豬肉綜合邊角肉、辛奇、**A** 的材料全都放進平底鍋，以較弱的中火開始煮。煮到沸騰後，一邊偶爾翻炒、一邊繼續煮2～3分鐘左右，讓湯汁收乾。

3　收尾並完成

關火靜置冷卻1分鐘左右，接著再加入雞蛋和起司絲，然後邊充分攪拌邊攪散蛋黃。最後盛裝到盤子上，撒上起司粉和巴西里。

08

鮭魚奶油起司和風義大利麵

材料　1 人份

義大利麵條── 80g

可生食鮭魚（挪威養殖・刺身用／撒上 1 小撮鹽）── 3 ～ 4 片

奶油起司── 15g

A｜白高湯── 1 大匙
　　橄欖油── 2 大匙
　　沾麵醬汁（非濃縮款）── 1 大匙
　　柴魚片── 1 小撮
　　煮麵後的水── 100㎖

製作法

1　水煮義大利麵條

用鍋子將水煮到沸騰後放入麵條，煮麵時間要比麵條包裝袋上標示的建議時間少 2 分鐘。

2　放入材料一起煮

將 **1** 和奶油起司、**A** 的材料全都放進平底鍋，以較弱的中火開始煮。煮到沸騰後，一邊偶爾翻炒、一邊繼續煮 2 ～ 3 分鐘左右，讓湯汁收乾。

3　收尾並完成

盛裝到盤子上，擺上鮭魚。最後可依個人喜好再擺上奶油起司（分量外）。

MEMO ──

和風基底與奶油起司的濃郁風味無比契合。方便取得的食材加上大家熟悉的口味，都讓人想要一次又一次地端出這道料理。

雖然濃郁，但不管有多少量感覺都能吃光。

平日的義大利麵搭配食譜

陪伴你度過繁忙平日的搭配食譜。
如果吃膩麵條的話，也可以用白飯替代、做成燴飯喔！

家裡的常備材料

- □ 義大利麵條
- □ 白高湯
- □ 橄欖油
- □ 番茄醬
- □ 起司粉
- □ 黑胡椒
- □ 紅辣椒
- □ 巴西里（乾燥／瓶裝）
- □ 沾麵醬汁

購物清單

- □ 鯖魚（半身）1 片
- □ 雞腿肉 100g
- □ 培根（厚切）100g
- □ 鴻禧菇 100g
- □ 杏鮑菇 1 支
- □ 酪梨 1 顆
- □ 檸檬 1 顆
- □ 蒜泥（軟管裝）
- □ 柚子胡椒（軟管裝）
- □ 牛奶 100㎖

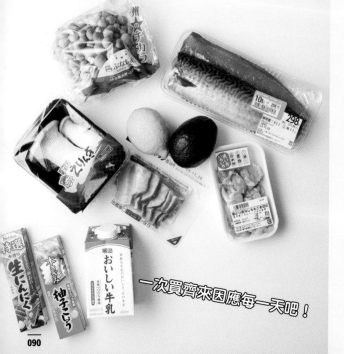

一次買齊來因應每一天吧！

平日 5 天的菜單

星期一

鯖魚橄欖油
蒜香義大利麵

ＶＶＶ

星期二

雞肉與酪梨
檸檬奶油義大利麵

ＶＶＶ

星期三

鯖魚橄欖油蒜香義大利麵

酪梨與培根
義大利麵

ＶＶＶ

星期四

雞肉與杏鮑菇
蒜香番茄義大利麵

ＶＶＶ

星期五

鮮菇與培根柚子胡椒
和風義大利麵

Mon.

本週也要加把勁！

因為鯖魚登場了，所以才會如此美味。

橄欖油
WEEKDAYS

09

鯖魚橄欖油蒜香義大利麵

材料	1 人份

義大利麵條——80g

生鯖魚（半身）——1 片

＊可用鹽漬鯖魚代替

黑胡椒——適量

A ｜ 白高湯——2 大匙
｜ 橄欖油——2 大匙
｜ 蒜泥（軟管裝）——1/2 小匙
｜ 紅辣椒（切圓片）——1 條的量
｜ 煮麵後的水——100㎖

鯖魚使用的是剖半後的半身分量，也可以改用鹽漬鯖魚代替。根據尺寸切成一半或是 3 等分。

製作法

1　水煮義大利麵條

用鍋子將水煮到沸騰後放入麵條，煮麵時間要比麵條包裝袋上標示的建議時間少 2 分鐘。

2　放入材料一起煮

將 **1** 和鯖魚、**A** 的材料全都放進平底鍋，以較弱的中火開始煮。煮到沸騰後等 1 分鐘左右，接著再搗碎鯖魚，然後一邊偶爾翻炒、一邊繼續煮 1 ～ 2 分鐘左右，讓湯汁收乾。

3　收尾並完成

盛裝到盤子上，撒上黑胡椒。

Tue.

就算覺得累了也無妨。

雖然很上鏡，做起來卻超輕鬆。

10

雞肉與酪梨檸檬奶油義大利麵

材料　1 人份

義大利麵條──80g
雞腿肉（切成較小的一口大小）──50g
酪梨（切成 2 ㎝小塊）──1/2 顆的量
檸檬（如能準備，切成梳子形）
　　──1/8 顆的量
A │ 白高湯──2 大匙
　　│ 橄欖油──2 大匙
　　│ 檸檬汁──1/2 顆的量
　　│ 牛奶──100㎖

製作法

1　水煮義大利麵條

用鍋子將水煮到沸騰後放入麵條，煮麵時間要比麵條包裝袋上標示的建議時間少 2 分鐘。

2　放入材料一起煮

將 1 和雞腿肉、酪梨、**A** 的材料全都放進平底鍋，以較弱的中火開始煮。煮到沸騰後，一邊偶爾翻炒、一邊繼續煮 2 ～ 3 分鐘左右，讓湯汁收乾（若是擔心油水分離的話，請於關火後再加入檸檬汁並攪拌混合）。

3　收尾並完成

盛裝到盤子上，如果能準備的話再擠一點檸檬汁淋上。

Wed.

這週已經過了一半囉。

TOP
4

加入一點醬油，換換味道也不賴。

橄欖油

WEEKDAYS

11

酪梨與培根義大利麵

材料	1人份

義大利麵條──80g

培根（切成容易食用的大小）──50g

酪梨（切成 2 ㎝小塊）
　　──1/2 顆的量

黑胡椒──適量

A 白高湯──2 大匙
　　橄欖油──2 大匙
　　煮麵後的水──100㎖

製作法

1　水煮義大利麵條

用鍋子將水煮到沸騰後放入麵條，煮麵時間要比麵條包裝袋上標示的建議時間少 2 分鐘。

2　放入材料一起煮

將**1**和培根、酪梨、**A**的材料全都放進平底鍋，以較弱的中火開始煮。煮到沸騰後，一邊偶爾翻炒、一邊繼續煮 2～3 分鐘左右，讓湯汁收乾。

3　收尾並完成

盛裝到盤子上，撒上黑胡椒。

Thu.

疲憊的頂峰？

讓人一口接著一口的
淘氣義大利麵。

番茄

WEEKDAYS

12

雞肉與杏鮑菇蒜香番茄義大利麵

材料　1人份

義大利麵條──80g

雞腿肉（切成較小的一口大小）
　──50g

杏鮑菇（切成一口大小）──1 支的量

起司粉──1 大匙

巴西里（乾燥／瓶裝）──適量

黑胡椒──適量

A　白高湯──1 大匙

　　　橄欖油──2 大匙

　　　番茄醬──1 大匙

　　　蒜泥（軟管裝）

　　　　──1/2 小匙

　　　煮麵後的水──100mℓ

製作法

1　水煮義大利麵條

用鍋子將水煮到沸騰後放入麵條，煮麵時間要
比麵條包裝袋上標示的建議時間少 2 分鐘。

2　放入材料一起煮

將 1 和雞腿肉、杏鮑菇、**A** 的材料全都放進平
底鍋，以較弱的中火開始煮。煮到沸騰後，一
邊偶爾翻炒、一邊繼續煮 2 ～ 3 分鐘左右，
讓湯汁收乾。

3　收尾並完成

盛裝到盤子上，撒上起司粉和巴西里、黑胡
椒。

Fri.

GOOD JOB！

就用清爽的辣味義大利麵

來轉換口味。

其他

WEEKDAYS

13

鮮菇與培根柚子胡椒和風義大利麵

材料　1人份

義大利麵條——80g

培根（切成容易食用的大小）

　——50g

鴻禧菇（剝散）——100g

黑胡椒——適量

A　白高湯——1 大匙

　　橄欖油——2 大匙

　　沾麵醬汁（非濃縮款）

　　　——1 大匙

　　柚子胡椒（軟管裝）

　　　——1/2 小匙

　　煮麵後的水——100㎖

製作法

1　水煮義大利麵條

用鍋子將水煮到沸騰後放入麵條，煮麵時間要比麵條包裝袋上標示的建議時間少 2 分鐘。

2　放入材料一起煮

將 **1** 和培根、鴻禧菇、**A** 的材料全都放進平底鍋，以較弱的中火開始煮。煮到沸騰後，一邊偶爾翻炒、一邊繼續煮 2 ～ 3 分鐘左右，讓湯汁收乾。

3　收尾並完成

盛裝到盤子上，撒上黑胡椒。最後可依個人喜好再添加柚子胡椒（分量外）。

成熟微苦風味的 季節義大利麵

TOP
10

其他

WEEKDAYS

14

螢烏賊與油菜
和風奶油義大利麵

材料 | 1人份

義大利麵條――80g

螢烏賊（煮熟／去除眼珠）

　――8～10 尾

油菜（切成容易食用的大小）

　――2 株的量

黑胡椒――適量

A | 白高湯――1 大匙

　　| 橄欖油――2 大匙

　　| 沾麵醬汁（非濃縮款）

　　　　――1 大匙

　　| 柴魚片――1 小撮

　　| 牛奶――100㎖

使用市面販售的已煮熟螢烏賊。料理時要先除去白色的眼珠。

製作法

1 水煮義大利麵條

用鍋子將水煮到沸騰後放入麵條，煮麵時間要比麵條包裝袋上標示的建議時間少 2 分鐘。

2 放入材料一起煮

將 **1** 和螢烏賊、油菜、**A** 的材料全都放進平底鍋，以較弱的中火開始煮。煮到沸騰後，一邊偶爾翻炒、一邊繼續煮 2～3 分鐘左右，讓湯汁收乾。

3 收尾並完成

盛裝到盤子上，撒上黑胡椒。

MEMO――

這是希望感到早春時節的季節感時很推薦的一道食譜。螢烏賊和奶油基底可說是非常相襯的組合。

WEEKDAYS

15

納豆、和布蕪與秋葵橄欖香蒜義大利麵

材料　1人份

義大利麵條——80g

納豆（隨附的醬汁跟芥子醬也使用）
——1 包

和布蕪——1 包

秋葵——3 ～ 4 根

A | 白高湯——2 大匙
　　 橄欖油——2 大匙
　　 蒜泥（軟管裝）——1 小匙
　　 七味唐辛子——1/2 小匙
　　 煮麵後的水——100㎖

製作法

1　水煮義大利麵條和秋葵

用鍋子將水煮到沸騰後放入麵條，煮麵時間要比麵條包裝袋上標示的建議時間少 2 分鐘。秋葵也一起放進去ⓐ，煮 2 分鐘後就取出。待餘熱散去後，去除蒂頭，再切成一口大小。

2　放入材料一起煮

將 **1** 和納豆（隨附的醬汁也使用）、和布蕪、**A** 的材料全部放進平底鍋，以較弱的中火開始煮。煮到沸騰後，一邊偶爾翻炒、一邊繼續煮 2 ～ 3 分鐘左右，讓湯汁收乾。

3　收尾並完成

盛裝到盤子上。最後可依個人喜好再撒上七味唐辛子（分量外）。如果喜歡的話，還可以淋上納豆隨附的芥子醬。

MEMO ─────
這是一道使用了3種黏稠食材的橄欖油蒜香義大利麵。秋葵只要先煮過一次之後就會變軟，建議大家先行處理。

對於喜歡黏糊稠口感的朋友而言 真的是好消息。

鏘鏘燒的變化版本料理。

其他

WEEKDAYS

16

鮭魚與高麗菜味噌奶油義大利麵

材料	1 人份

義大利麵條──80g
生鮭魚（魚片）──1 片
高麗菜（大致切一下）──1/8 顆的量
起司粉──1 小匙
黑胡椒──適量

A │ 白高湯──1 大匙
　　│ 橄欖油──2 大匙
　　│ 味噌──1 大匙
　　│ 牛奶──100㎖

MEMO

這是把北海道的鄉土料理「鏘鏘燒」（ちゃんちゃん焼き）融入義大利麵的品項。帶有溫和甘美的鹹味，就宛如溫馨家庭會做出的好味道。

製作法

1　水煮義大利麵條

用鍋子將水煮到沸騰後放入麵條，煮麵時間要比麵條包裝袋上標示的建議時間少 2 分鐘。

2　放入材料一起煮

將 **1** 和鮭魚、高麗菜、**A** 的材料全都放進平底鍋，以較弱的中火開始煮。煮到沸騰後等 1 分鐘左右，接著再搗碎鮭魚，然後一邊偶爾翻炒、一邊繼續煮1～2分鐘左右，讓湯汁收乾。

3　收尾並完成

盛裝到盤子上，撒上起司粉和黑胡椒。

Q彈的口感

真是令人難以抵擋。

其他

WEEKDAYS

17

干貝與明太子奶油義大利麵

材料 1人份

義大利麵條——80g

辣味明太子——1 條

干貝（刺身用／加入橄欖油
1 小匙和鹽 1 小撮後拌勻）——4 個

黑胡椒——適量

A 白高湯——1 大匙
橄欖油——2 大匙
牛奶——100㎖

MEMO

生干貝與明太子的結合營造出奢華的感
受。我個人喜歡在只有稍微加熱、保有 Q
彈且脆脆口感的狀態下享用明太子。

製作法

1 水煮義大利麵條

用鍋子將水煮到沸騰後放入麵條，煮麵時間要
比麵條包裝袋上標示的建議時間少 2 分鐘。

2 放入材料一起煮

將 **1** 和 **A** 的材料全都放進平底鍋，以較弱的
中火開始煮。煮到沸騰後，一邊偶爾翻炒、一
邊繼續煮 2 ～ 3 分鐘左右，讓湯汁收乾。

3 收尾並完成

關火靜置冷卻 1 分鐘左右，接著再加入明太
子，然後邊充分攪拌邊攪散明太子。最後盛裝
到盤子上，擺上干貝後再撒上黑胡椒。

只要嘗過白菜，
就會讓你想要一做再做

奶油

WEEKDAYS

18

白菜與鹽昆布起司義大利麵

材料 ｜ 1 人份

義大利麵條──80g
白菜（大致切一下）──2 片的量
鹽昆布──2 小撮

A ｜ 白高湯──2 大匙
　　 橄欖油──2 大匙
　　 起司絲──2 大匙
　　 牛奶──100㎖

MEMO
白菜的甜味與鹽昆布的鮮味，再加上起司的加持，這種魅力實在無法抵擋。在發薪日前一天總是會想嘗點好料，像這種時候，這道料理就能成為家庭的好夥伴。

製作法

1　水煮義大利麵條

用鍋子將水煮到沸騰後放入麵條，煮麵時間要比麵條包裝袋上標示的建議時間少 2 分鐘。

2　放入材料一起煮

將 **1** 和白菜、鹽昆布、**A** 的材料全都放進平底鍋，以較弱的中火開始煮。煮到沸騰後，請留意不要讓起司凝固，一邊充分翻炒、一邊繼續煮 2 ～ 3 分鐘左右，讓湯汁收乾。

就算是平日也無妨。

給自己一點獎勵吧。

其他

WEEKDAYS

19

螃蟹與萵苣奶油橄欖香義大利麵

| 材料 | 1 人份 |

義大利麵條──80g
螃蟹罐頭──1 罐（55g）
萵苣（撕成容易食用的大小）
　──1/4 顆的量
黑胡椒──適量

A │ 白高湯──1 大匙
　　│ 橄欖油──2 大匙
　　│ 奶油──15g
　　│ 煮麵後的水──100㎖

螃蟹罐頭的湯汁對醬
汁來說甚為重要，所
以不光只有蟹肉，料
理時也要用上湯汁。

| 製作法 |

1　水煮義大利麵條

用鍋子將水煮到沸騰後放入麵條，煮麵時間要
比麵條包裝袋上標示的建議時間少 2 分鐘。

2　放入材料一起煮

將 1 和螃蟹罐頭（連同湯汁）、萵苣、**A** 的材料
全都放進平底鍋，以較弱的中火開始煮。煮到
沸騰後，一邊偶爾翻炒、一邊繼續煮 2 ～ 3
分鐘左右，讓湯汁收乾。

3　收尾並完成

盛裝到盤子上，撒上黑胡椒。最後可依個人喜
好再擺上奶油（分量外）。

MEMO ──
平時大多是用鮪魚罐頭，偶爾也稍微奢侈一點、使用在
超市就能買到的螃蟹罐頭來做菜吧。

在自己家裡
也能做出來嗎!?

其他

WEEKDAYS

20

生火腿與白花椰菜蜂蜜芥末義大利麵

材料　1人份

義大利麵條──80g

白花椰菜（剝成小株）──1/4 株的量

生火腿──2～3 片

巴西里（乾燥／瓶裝）
　──撒 2～3 次

黑胡椒──適量

A　白高湯──1 大匙
　　橄欖油──2 大匙
　　美乃滋──1 小匙
　　芥末醬──1 小匙
　　蜂蜜──1 小匙
　　煮麵後的水──100mℓ

白花椰菜先用菜刀切成容易
食用的大小後再水煮。

製作法

1　水煮義大利麵條和白花椰菜

用鍋子將水煮到沸騰後放入麵條和白花椰菜，
煮的時間要比麵條包裝袋上標示的建議時間少
2 分鐘。

2　放入材料一起煮

將 **1** 和 **A** 的材料全都放進平底鍋，以較弱的
中火開始煮。煮到沸騰後，一邊偶爾翻炒、一
邊繼續煮 2～3 分鐘左右，讓湯汁收乾。

3　收尾並完成

盛裝到盤子上，擺上生火腿後再撒上黑胡椒和
巴西里。

MEMO

或許白花椰菜一般不會給人義大利麵配料的印象，不過
它的香氣跟蜂蜜芥末口味的義大利麵相當契合喔。

105

橄欖油

WEEKDAYS

21

鮪魚與番茄佐紫蘇葉橄欖香義大利麵

材料　1 人份

義大利麵條──80g
罐裝鮪魚（油漬）──1 罐（70g）
迷你番茄（對半切開）──4 顆的量
紫蘇葉（切細絲）──2 ～ 3 片的量
A ┌ 白高湯──2 大匙
　　│ 橄欖油──2 大匙
　　│ 蒜泥（軟管裝）──1/2 小匙
　　└ 煮麵後的水──100mℓ

製作法

1　水煮義大利麵條

用鍋子將水煮到沸騰後放入麵條，煮麵時間要比麵條包裝袋上標示的建議時間少 2 分鐘。

2　放入材料一起煮

將 **1** 和罐裝鮪魚（連同湯汁）、迷你番茄、**A** 的材料全都放進平底鍋，以較弱的中火開始煮。煮到沸騰後，一邊偶爾翻炒、一邊繼續煮 2 ～ 3 分鐘左右，讓湯汁收乾。

3　收尾並完成

盛裝到盤子上，擺上紫蘇葉。

MEMO ──
味道很棒、外觀上相、做起來又很簡單。能充分品嘗到番茄的鮮味與紫蘇葉散發的清爽氣息。是一道將經典品項「aglio e olio」簡單化之後的食譜。右頁照片是將 1 人份分成 2 盤的樣子。

美味滲進了

疲憊的身體。

PART 3
假日的義大利麵

既然要在難得的假日做料理的話，
就會想嘗點使用有些豪華的食材
來細心製作的餐點。
就算食材因此變得奢華也不要緊，
調理的時間還是沒有改變，幾乎只要 10 分鐘。
以下準備的，就是當你希望品嘗稍微講究的
義大利麵時可參考的高手取向食譜，
以及變化型等各式各樣的風格。
還請各位務必要試著做做看，絕對會因此上癮的喔！

DAY OFF
01

牛肉與蘑菇奶油義大利麵

材料　1 人份

義大利麵條──80g
牛肉綜合邊角肉──50g
蘑菇（剁碎）──4 朵的量
白胡椒──適量

A｜白高湯──2 大匙
　　橄欖油──2 大匙
　　白胡椒（粗磨／瓶裝）──撒 2 次
　　牛奶──100㎖

製作法

1　水煮義大利麵條

用鍋子將水煮到沸騰後放入麵條，煮麵時間要比麵條包裝袋上標示的建議時間少 2 分鐘。

2　放入材料一起煮

將 **1** 和牛肉綜合邊角肉、蘑菇、**A** 的材料全都放進平底鍋，以較弱的中火開始煮。煮到沸騰後，一邊偶爾翻炒、一邊繼續煮 2～3 分鐘左右，讓湯汁收乾。

3　收尾並完成

盛裝到盤子上，撒上白胡椒。

MEMO ──
雖然簡單，但風味就如同店家端出的餐點，料理時請一定要使用白胡椒（如果能準備的話請使用粗磨的款式）。這是我將小學生時代最喜愛的菲律賓餐廳風味重現的食譜，是我個人推薦之中第一名的品項。

散發蘑菇香氣的 **奶油燉牛肉** ⊙

DAY OFF

02

牡蠣番茄義大利麵

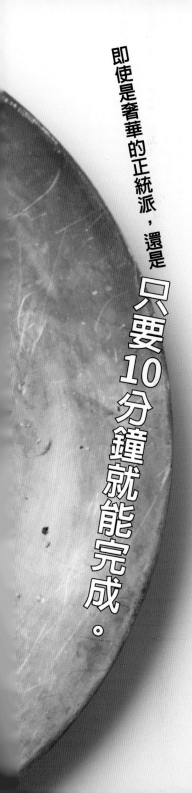

即使是奢華的正統派，還是**只要10分鐘就能完成。**

| 材料 | 1人份 |

義大利麵條——80g

牡蠣（加熱用）——4～5個

罐裝切塊番茄——200g

羅勒（撕碎）——1～2片的量

黑胡椒——適量

A 　白高湯——1大匙

　　橄欖油——3大匙

　　蒜泥（軟管裝）——1小匙

　　煮麵後的水——100㎖

製作法

1 水煮義大利麵條

用鍋子將水煮到沸騰後放入麵條，煮麵時間要比麵條包裝袋上標示的建議時間少2分鐘。

2 放入材料一起煮

將**1**和牡蠣、切塊番茄、**A**的材料全都放進平底鍋，以較弱的中火開始煮。煮到沸騰後，一邊偶爾翻炒、一邊繼續煮2～3分鐘左右，讓湯汁收乾。

3 收尾並完成

盛裝到盤子上，撒上羅勒和黑胡椒。

MEMO ——

為了要提取出牡蠣的鮮味，所以使用了罐裝番茄。雖然是正統風格，不過整個製作流程同樣只需要10分鐘左右就能完成。想要奢侈一下的日子請一定要試著做做這一道！

將牡蠣放入裝水的調理碗中清洗（清洗時請一邊在水中晃動）。

只需要10分鐘，就能獲得至高無上的幸福。

番茄

DAY OFF

03

10 分鐘就能完成的美式醬汁義大利麵

材料　1 人份

義大利麵條──80g

鬚赤蝦（刺身用／去除蝦頭和蝦
　殼，蝦肉撒上 1 小撮鹽［分量外］
　後各自暫放備用）──2 尾

黑胡椒──適量

羅勒──1 ～ 2 片

橄欖油──2 大匙

A　白高湯──1 大匙
　　番茄醬──1 大匙
　　蒜泥（軟管裝）
　　　──1 小匙
　　生奶油──100㎖

MEMO

美味程度會讓各位願意花費這些工夫。
雖然煮麵條跟製作醬汁可以同步進行，
然後在 10 分鐘左右全數完成，不過如
果有時間的話，建議大家可以先做好醬
汁之後再來煮麵條，這樣就能平穩地進
行作業。

製作法

1　水煮義大利麵條

用鍋子將水煮到沸騰後放入麵條，煮麵時間要
比麵條包裝袋上標示的建議時間少 2 分鐘。

2　放入材料一起煮

將橄欖油倒入平底鍋後開中火，接著放入鬚赤
蝦的蝦頭與蝦殼，然後翻炒 1 ～ 2 分鐘左右，
再把 **A** 的材料全都放進平底鍋ⓐ。煮到沸騰
後，轉成較弱的中火，接著繼續煮 2 分鐘左右，
讓湯汁收乾。最後用篩子過濾，濾出醬汁。

3　收尾並完成

將醬汁倒回 **2** 的平底鍋，與 **1** 攪拌混合。最後
盛裝到盤子上，擺上鬚赤蝦肉和羅勒，再撒上
黑胡椒。

甜鹹風格的 **推薦食譜。**

其他

DAY OFF

04

生干貝與地瓜泥義大利麵

材料 1人份

義大利麵條——80g

干貝（刺身用／撒上
　1小撮鹽）——4個

烤地瓜（點綴用）——適量

A | 白高湯——1大匙
　 | 橄欖油——2大匙
　 | 牛奶——100～150㎖
　 | 烤地瓜（大致壓碎）
　 | ——1/3條的量

雖然會失去滑順感，
但如果沒有攪拌機的
話也可以用叉子去壓
碎烤地瓜。

製作法

1　水煮義大利麵條

用鍋子將水煮到沸騰後放入麵條，煮麵時間要
比麵條包裝袋上標示的建議時間少2分鐘。

2　放入材料一起煮

將 **A** 的材料全部用攪拌機等器具攪拌ⓐ，接
著放進平底鍋，然後放入 **1**，以較弱的中火開
始煮。煮到沸騰後，一邊偶爾翻炒、一邊繼續
煮2～3分鐘左右，讓湯汁收乾。

3　收尾並完成

盛裝到盤子上，擺上干貝和點綴用的烤地瓜。

MEMO

這是我看到超市常見的烤地瓜時所構想出來的食譜。做
給別人吃吃看的話，大家應該都會被它的美味所感動，
或許還會有人因此大吃一驚呢。

將韓國流行的義大利麵加以變化。

其他

DAY OFF

05

生拌鮭魚粉紅醬義大利麵

材料	1人份

義大利麵條——80g

可生食鮭魚（挪威養殖．刺身用／
　調合橄欖油和醬油各 1 小匙、
　苦椒醬 1/2 小匙後放入拌勻❶）
　——5 ～ 6 片

黑胡椒——適量

A	白高湯——1 大匙
	橄欖油——2 大匙
	番茄醬——1 大匙
	苦椒醬——1 大匙
	牛奶——100㎖

製 作 法

1　水煮義大利麵條

用鍋子將水煮到沸騰後放入麵條，煮麵時間要
比麵條包裝袋上標示的建議時間少 2 分鐘。

2　放入材料一起煮

將 **1** 和 **A** 的材料全都放進平底鍋，以較弱的
中火開始煮。煮到沸騰後，一邊偶爾翻炒、一
邊繼續煮 2 ～ 3 分鐘左右，讓湯汁收乾。

3　收尾並完成

盛裝到盤子上，擺上鮭魚後再撒上黑胡椒。

MEMO ———

看起來好像很費工夫，實際上卻能輕鬆完成的魔法義大
利麵。用上苦椒醬的番茄奶油基底能讓人感受到韓國料
理的風味。

凱撒沙拉

竟然變成義大利麵了。

奶油

DAY OFF

06

培根與萵苣薑味奶油義大利麵

材料 ┃ 1 人份

義大利麵條——80g

培根（切成一口大小）——50g

萵苣（撕成容易食用的大小）
　——3 ～ 4 片的量

麵包丁——5 ～ 6 個

黑胡椒——適量

A ┃ 白高湯——2 大匙
　┃ 橄欖油——2 大匙
　┃ 薑泥（軟管裝）
　┃ 　——1 小匙
　┃ 牛奶——100㎖

麵包丁除了能在超市
買到現成品之外，也
可以將多出來的吐司
切小塊後用油炒過來
自行製作。

製作法

1　水煮義大利麵條

用鍋子將水煮到沸騰後放入麵條，煮麵時間要
比麵條包裝袋上標示的建議時間少 2 分鐘。

2　放入材料一起煮

將 1 和培根、**A** 的材料全都放進平底鍋，以較
弱的中火開始煮。煮到沸騰後，一邊偶爾翻
炒、一邊繼續煮 2 ～ 3 分鐘左右，讓湯汁收乾。
最後關火，放入萵苣，輕輕攪拌混合。

3　收尾並完成

盛裝到盤子上，撒上麵包丁和黑胡椒。

MEMO ——

義大利麵搭配脆脆的東西一起吃，真的是很棒的享受
呢。這個品項是加入麵包丁，藉此為口感增添了重點。

能當成下酒小菜的

和風義大利麵。

其他

DAY OFF

07

螺肉奶香醬油義大利麵

材料	1 人份

義大利麵條──80g

螺肉（刺身用）──3〜4 塊

黑胡椒──適量

A ┌ 白高湯──1 大匙

　　橄欖油──2 大匙

　　醬油──1 大匙

　　奶油──15g

　　└ 煮麵後的水──100㎖

螺肉不僅好吃還具有脆脆的口感。如果能找到新鮮的刺身用螺肉，請務必要試著做看看。

製作法

1　水煮義大利麵條

用鍋子將水煮到沸騰後放入麵條，煮麵時間要比麵條包裝袋上標示的建議時間少 2 分鐘。

2　放入材料一起煮

將 **1** 和 **A** 的材料全都放進平底鍋，以較弱的中火開始煮。煮到沸騰後，一邊偶爾翻炒、一邊繼續煮 2〜3 分鐘左右，讓湯汁收乾。

3　收尾並完成

盛裝到盤子上，擺上螺肉後再撒上黑胡椒。最後可依個人喜好再添加奶油和醬油各少許（分量外）。

MEMO ───

這道義大利麵就像是要搭配日本酒一起享用的下酒小菜。如果要配白酒的話是不是要選夏多內呢？上方照片是將 1 人份分成 2 盤的樣子。

春天已然到來。

番茄

DAY OFF

08

櫻花蝦與嫩筍番茄義大利麵

材料	1人份

義大利麵條──80g

櫻花蝦（生的或是釜煮）──40g

筍尖（水煮）──3～4片切片

羅勒（撕碎）──1～2片的量

A │ 白高湯──1大匙
　　│ 橄欖油──2大匙
　　│ 番茄醬──1大匙
　　│ 蒜泥（軟管裝）
　　│ 　──1小匙
　　│ 煮麵後的水──100㎖

MEMO──

櫻花蝦和筍子都是容易入手、一整年都能享用的食材。不過還是特別想在春天的時候品嘗呢。希望大家都能感受到時令的美味和季節感。上方照片是將1人份分成2盤的樣子。

製作法

1　水煮義大利麵條

用鍋子將水煮到沸騰後放入麵條，煮麵時間要比麵條包裝袋上標示的建議時間少2分鐘。

2　放入材料一起煮

將1和櫻花蝦、筍尖、**A**的材料全都放進平底鍋，以較弱的中火開始煮。煮到沸騰後，一邊偶爾翻炒、一邊繼續煮2～3分鐘左右，讓湯汁收乾。

3　收尾並完成

盛裝到盤子上，撒上羅勒。

121

橄欖油

DAY OFF

09

鮮蝦與番茄橄欖香義大利麵

TOP
5

| 材料 | 1人份 |

義大利麵條──80g

蝦仁──5～6尾

迷你番茄（對半切開）──4顆的量

蒔蘿──適量

黑胡椒──適量

A │ 白高湯──2大匙
│ 橄欖油──2大匙
│ 蒜泥（軟管裝）
│ ──1小匙
│ 煮麵後的水──100㎖

MEMO

外觀吸睛，美味程度也是品質保證。而且
還非常好做。希望大家都能把這道的作法
學起來。

| 製作法 |

1 水煮義大利麵條

用鍋子將水煮到沸騰後放入麵條，煮麵時間要
比麵條包裝袋上標示的建議時間少2分鐘。

2 放入材料一起煮

將 **1** 和蝦仁、迷你番茄、**A** 的材料全都放進平
底鍋，以較弱的中火開始煮。煮到沸騰後，一
邊偶爾翻炒、一邊繼續煮2～3分鐘左右，
讓湯汁收乾。

3 收尾並完成

盛裝到盤子上，擺上蒔蘿後再撒上黑胡椒。

季節限定的

時鮮果香風味

其他

DAY OFF

10

生火腿、梅干與無花果和風義大利麵

材料 | 1人份

義大利麵條──80g

蜂蜜梅干（去籽）──2 顆

無花果（切成 8 等分）──1 顆的量

生火腿──2 ～ 3 片

奶油起司（剝碎）──適量

羅勒（撕碎）──1 ～ 2 片的量

A 白高湯──1 大匙
　 橄欖油──2 大匙
　 煮麵後的水──100㎖

無瓜果先切成 8 等分以後再去皮，這樣會比較好處理。

製作法

1　水煮義大利麵條

用鍋子將水煮到沸騰後放入麵條，煮麵時間要比麵條包裝袋上標示的建議時間少 2 分鐘。

2　放入材料一起煮

將 1 和梅干、**A** 的材料全都放進平底鍋，以較弱的中火開始煮。煮到沸騰後，一邊偶爾翻炒、一邊繼續煮 2 ～ 3 分鐘左右，讓湯汁收乾（過程中要把梅干肉搗碎）。

3　收尾並完成

盛裝到盤子上，擺上生火腿和無花果、奶油起司，最後撒上羅勒。

MEMO ──

這道義大利麵使用了入秋之後就會讓人很想吃的無花果。它的甜味其實和蜂蜜梅干非常相襯。

DAY OFF
11

牛肉巴西里奶油義大利麵

材料　1 人份

義大利麵條——80g
牛肉綜合邊角肉——50g
黑胡椒——適量

A | 白高湯——2 大匙
　　| 橄欖油——2 大匙
　　| 奶油——15g
　　| 巴西里（乾燥）——1 大匙
　　| 煮麵後的水——100㎖

製作法

1　水煮義大利麵條

用鍋子將水煮到沸騰後放入麵條，煮麵時間要比麵條包裝袋上標示的建議時間少 2 分鐘。

2　放入材料一起煮

將 1 和牛肉綜合邊角肉、A 的材料全都放進平底鍋，以較弱的中火開始煮。煮到沸騰後，一邊偶爾翻炒、一邊繼續煮 2〜3 分鐘左右，讓湯汁收乾。

3　收尾並完成

關火靜置冷卻 1 分鐘左右，盛裝到盤子上，撒上黑胡椒。最後可依個人喜好再添加奶油和巴西里各適量（分量外）。

MEMO ——

這是將法國蝸牛這道法國料理會用到奶油結合義大利餐點的食譜。奶油的香氣跟牛肉極為搭配，醞釀出奢華的氛圍。

奶油的香氣與牛肉相當契合。

放假的時候都和誰一起度過呢？
以下將會介紹從各種用餐情境所構思出來的款待食譜。

for me

為非常努力的自己所獻上的獎勵

能感受到幸福的卡路里炸彈。

奶油

DAY OFF

12

薩拉米香腸與
3 種起司義大利麵

Recipe _ p.130

有件事要事先告訴各位，就是這道的口味相當濃郁。在設定為放縱日的假日品嘗簡直是完美。而且它也很適合搭配紅酒享用。

with partner

為了某人而做的幸福餐點

明明是比較濃厚的卡波納拉
風味，卻因為檸檬而展現出
清爽的用餐體驗。符合假日
印象的華麗外觀，肯定能讓
享用這道料理的人滿心歡喜。

卡波納拉

DAY OFF

13

生火腿與蘆筍
檸檬卡波納拉義大利麵

Recipe _ p.130

能感受到　初夏已經來臨了。

with _family_

大家一起享用就會覺得更加美味

其他

DAY OFF

14

茄子與絞肉
味噌橄欖油蒜香義大利麵

Recipe _ p.131

以黏糊口感的茄子作為重點的經典義大利麵。像是麻婆茄子般的口味，從食慾旺盛的發育期孩童到長輩都能吃得很開心。

發育期的孩童 也超級喜歡。

with friends

如果想要讓大家輕鬆地分著吃的話……

靠和風食材做出不輸專業的成果。

其他

DAY OFF

15

紫蘇葉
和風青醬義大利麵

Recipe _ p.131

能夠在想要與大家一同舉杯暢飲、一同談天說地的場合製作的正統派品項。而且就算放涼了也還是很好吃。是非常適合當作家庭派對餐點選項的一道義大利麵。

薩拉米香腸與 3 種起司義大利麵

材料 1人份

義大利麵條──80g
薩拉米香腸（切片）
　　──5～6 片
奶油起司──15g
莫札瑞拉起司──1/2 塊
起司粉──1 大匙
黑胡椒──適量

A 白高湯──2 大匙
　 橄欖油──2 大匙
　 牛奶──100㎖

製作法

1　水煮義大利麵條

用鍋子將水煮到沸騰後放入麵條，煮麵時間要比麵條包裝袋上標示的建議時間少 2 分鐘。

2　放入材料一起煮

將1和薩拉米香腸、奶油起司、莫札瑞拉起司、**A** 的材料全都放進平底鍋，以較弱的中火開始煮。煮到沸騰後，一邊偶爾翻炒、一邊繼續煮 2～3 分鐘左右，讓湯汁收乾。

3　收尾並完成

盛裝到盤子上，撒上起司粉和黑胡椒。

生火腿與蘆筍
檸檬卡波納拉義大利麵

材料 1人份

義大利麵條──80g
蘆筍（切成一口大小）──4 條
生火腿──3～4 片
雞蛋──1 顆
起司粉──2 大匙
檸檬汁──1 小匙
黑胡椒──適量
檸檬（如能準備，切圓片）──適量

A 白高湯──1 大匙
　 橄欖油──2 大匙
　 牛奶──100㎖

製作法

1　水煮義大利麵條

用鍋子將水煮到沸騰後放入麵條，煮麵時間要比麵條包裝袋上標示的建議時間少 2 分鐘。

2　放入材料一起煮

將 **1** 和蘆筍、**A** 的材料全都放進平底鍋，以較弱的中火開始煮。煮到沸騰之後，一邊偶爾翻炒、一邊繼續煮 2～3 分鐘左右，讓湯汁收乾。

3　收尾並完成

關火靜置冷卻 1 分鐘左右，接著再加入雞蛋、起司粉、檸檬汁，然後充分攪拌（如果這時醬汁過於缺乏黏稠度的話，就開弱火加熱 1 分鐘左右，並且一邊翻拌）。盛裝到盤子上，擺上生火腿後再撒上黑胡椒。最後可依個人喜好再撒上起司粉（分量外）。如果能準備的話再擺上檸檬片。

茄子與絞肉味噌橄欖油蒜香義大利麵

| 材料 | 1人份 |

義大利麵條──80g
茄子（切成一口大小）──1 條
合挽肉──50g
蒔蘿──適量
起司粉──適量

A | 白高湯──1 大匙
橄欖油──2 大匙
味噌──1 大匙
蒜泥（軟管裝）──1 小匙
紅辣椒（切圓片）──1 條的量
煮麵後的水──100ml

| 製作法 |

1 水煮義大利麵條

用鍋子將水煮到沸騰後放入麵條，煮麵時間要比麵條包裝袋上標示的建議時間少 2 分鐘。

2 放入材料一起煮

將 **1** 和茄子、合挽肉、**A** 的材料全都放進平底鍋，以較弱的中火開始煮。煮到沸騰後，一邊偶爾翻炒，一邊繼續煮 2～3 分鐘左右，讓湯汁收乾。

3 收尾並完成

盛裝到盤子上，擺上蒔蘿後再撒上起司粉。

紫蘇葉和風青醬義大利麵

| 材料 | 1人份 |

義大利麵條──80g

A | 紫蘇葉──10～15 片
味噌──1 大匙
研磨白芝麻──1 大匙
水──100ml
黑胡椒──適量
起司粉──適量

B | 白高湯──1 大匙
橄欖油──3 大匙

2 人份、4 人份的製作法

如果要一次製作 2 人份的話，就把牛奶或煮麵後的水的分量調整成 150ml、帶有鹽味的食材則是調整為 1.5 倍、其餘材料則是 2 倍。製作 4 人份的場合，就分成兩次、每次製作 2 人份。

| 製作法 |

1 水煮義大利麵條

用鍋子將水煮到沸騰後放入麵條，煮麵時間要比麵條包裝袋上標示的建議時間少 2 分鐘。

2 放入材料一起煮

將 **A** 的材料全部用攪拌機等器具攪拌。接著把攪拌完成的醬汁放進平底鍋，然後再將 **1** 和 **B** 的材料全部放入，以較弱的中火開始煮。煮到沸騰後，一邊偶爾翻炒、一邊繼續煮 2～3 分鐘左右，讓湯汁收乾。

3 收尾並完成

盛裝到盤子上。最後可依個人喜好再撒上起司粉和黑胡椒各適量（分量外）。

運用乾燥牛肝菌
輕鬆完成正統風味。

奶油

DAY OFF

16

培根與牛肝菌奶油義大利麵

材料　1人份

義大利麵條──80g

培根（切成一口大小）──50g

牛肝菌（乾燥／放進耐熱容器，

　　用 50㎖煮麵後的水浸泡）

　　──8～10g

黑胡椒──適量

A　白高湯──2大匙

　　橄欖油──2大匙

　　牛奶──100㎖

用熱水來泡牛肝菌就
能縮短作業時間。

製作法

1　水煮義大利麵條

用鍋子將水煮到沸騰後放入麵條，煮麵時間要
比麵條包裝袋上標示的建議時間少 2 分鐘。

2　放入材料一起煮

將 1 和培根、泡好的牛肝菌（連同浸泡的水）、
A 的材料全都放進平底鍋，以較弱的中火開始
煮。煮到沸騰後，一邊偶爾翻炒、一邊繼續煮
2～3 分鐘左右，讓湯汁收乾。

3　收尾並完成

盛裝到盤子上，撒上黑胡椒。

MEMO

乾燥的牛肝菌價位比較高，如果想要奢侈一下的時候，
請一定要做看看這道義大利麵。

光是聽見名字

就被勾起了食慾。

其他

DAY OFF

17

明太子濃湯義大利麵

材料　1人份

義大利麵條——80g
辣味明太子——1/2～1條
山藥（磨泥）——50g
黑胡椒——適量

A | 白高湯——2大匙
　　| 橄欖油——2大匙
　　| 煮麵後的水——150㎖

MEMO——
雖然是發揮高湯特色、展現明太子風味的口感黏稠型義大利麵，不過卻不會過於偏向和風，呈現出帶有時尚咖啡廳餐點風格的好味道。

製作法

1　水煮義大利麵條

用鍋子將水煮到沸騰後放入麵條，煮麵時間要比麵條包裝袋上標示的建議時間少2分鐘。

2　放入材料一起煮

將**1**和**A**的材料全都放進平底鍋，以較弱的中火開始煮。煮到沸騰後，一邊偶爾翻炒、一邊繼續煮2～3分鐘左右，讓湯汁收乾。

3　收尾並完成

關火靜置冷卻1分鐘左右，接著再加入明太子，然後邊充分攪拌邊攪散明太子。最後盛裝到盤子上，將山藥泥淋在麵條周圍後再撒上黑胡椒。

屬於酒徒的義大利麵

其他

DAY OFF

18

鹽辛烏賊與柚子橄欖油義大利麵

材料 | 1人份

義大利麵條——80g

鹽辛烏賊——2 大匙

日本柚子皮（乾燥／撕碎）——1 小撮

紫蘇葉（切細絲）——2 ～ 3 片的量

A 白高湯——1 大匙

橄欖油——2 大匙

柚子胡椒——1/2 小匙

煮麵後的水——100㎖

在日本會直接販售乾燥後的柚子（香橙／日本柚子）皮商品。如果要直接剝下柚子皮來用，請薄薄地取下皮的黃色部分來使用。

製作法

1 水煮義大利麵條

用鍋子將水煮到沸騰後放入麵條，煮麵時間要比麵條包裝袋上標示的建議時間少 2 分鐘。

2 放入材料一起煮

將 **1** 和 **A** 的材料全都放進平底鍋，以較弱的中火開始煮。煮到沸騰後，一邊偶爾翻炒、一邊繼續煮 2 ～ 3 分鐘左右，讓湯汁收乾。

3 收尾並完成

關火靜置冷卻 1 分鐘左右，接著再加入鹽辛烏賊充分攪拌。最後盛裝到盤子上，撒上柚子皮和紫蘇葉。

MEMO

毫無疑問，跟放假時喝的啤酒超搭。柚子和紫蘇葉能夠抑制鹽辛烏賊的腥味，讓人在享用的時候能夠唯獨感受到其中的鮮美。

菇類的香氣
讓層次更加提升。

其他

DAY OFF

19

3 種鮮菇橄欖油蒜香義大利麵

| 材料 | 1 人份 |

義大利麵條──80g

杏鮑菇（切成容易食用的大小）
　──1 支的量

鴻禧菇（剝散）──50g

蘑菇（剝碎）
　──4 朵的量

巴西里（乾燥）──1 小撮

黑胡椒──適量

A 白高湯──1 大匙

　沾麵醬汁（非濃縮款）──1 大匙

　橄欖油──2 大匙

　蒜泥（軟管裝）──1 小匙

　紅辣椒（切圓片）──1 條的量

　煮麵後的水──100㎖

| 製作法 |

1　水煮義大利麵條

用鍋子將水煮到沸騰後放入麵條，煮麵時間要比麵條包裝袋上標示的建議時間少 2 分鐘。

2　放入材料一起煮

將 **1** 和杏鮑菇、鴻禧菇、蘑菇、**A** 的材料全都放進平底鍋，以較弱的中火開始煮。煮到沸騰後，一邊偶爾翻炒、一邊繼續煮 2 ～ 3 分鐘左右，讓湯汁收乾。

3　收尾並完成

盛裝到盤子上，撒上巴西里和黑胡椒。

MEMO ───

3 種菇類的複雜香氣融進橄欖油蒜香醬汁裡頭。沾附這種醬汁的義大利麵真是令人欲罷不能。

與眾不同的

民族風格。

[奶油]

DAY OFF

20

羊肉與彩椒綠咖哩風義大利麵

[材料] 1人份

義大利麵條——80g

羊里肌肉（薄切）——50g

紅、黃彩椒（切成5㎜厚薄片）

　——各1/4顆的量

芫荽葉——適量

A ｜ 白高湯——2大匙

　｜ 橄欖油——2大匙

　｜ 柚子胡椒——1小匙

　｜ 孜然粉（瓶裝）

　｜ ——撒1～2次

　｜ 椰奶——100㎖

MEMO ——

想要輕鬆做出民族風美食的時候，或是不要讓類似口味的義大利麵頻繁出現時，就可以做這一道。我們也能藉此明確地了解，義大利麵是種不管放了什麼都會好吃的料理。

[製作法]

1　水煮義大利麵條

用鍋子將水煮到沸騰後放入麵條，煮麵時間要比麵條包裝袋上標示的建議時間少2分鐘。

2　放入材料一起煮

將1和羊里肌肉、彩椒、A的材料全都放進平底鍋，以較弱的中火開始煮。煮到沸騰後，一邊偶爾翻炒、一邊繼續煮3～4分鐘左右，讓湯汁收乾。

3　收尾並完成

盛裝到盤子上，擺上芫荽葉。

如果能準備常用於香料咖哩的椰奶和孜然粉的話，請大家一定要嘗試運用喔。

DAY OFF
21
滿滿胡椒的蛤蜊義大利麵

材料	1 人份

義大利麵條──80g
蛤蜊（吐沙完畢）──6～7 個
平葉芫荽葉
　　──1～2 支的量

A │ 白高湯──1 大匙
　　│ 橄欖油──2 大匙
　　│ 蒜泥（軟管裝）
　　│ 　──1 小匙
　　│ 黑胡椒──1 小匙
　　│ 煮麵後的水──100㎖

製作法

1　水煮義大利麵條

用鍋子將水煮到沸騰後放入麵條，煮麵時間要比麵條包裝袋上標示的建議時間少 2 分鐘。

2　放入材料一起煮

將 **1** 和蛤蜊、**A** 的材料全都放進平底鍋，以較弱的中火開始煮。煮到沸騰後，一邊偶爾翻炒、一邊繼續煮 2～3 分鐘左右，讓湯汁收乾。

3　收尾並完成

盛裝到盤子上，擺上平葉芫荽葉。最後可依個人喜好再撒上黑胡椒（分量外）。

MEMO ───

這是義大利的一種料理「黑胡椒悶淡菜」的變化版。口味直截了當，感覺蛤蜊的鮮味都滲入了全身。

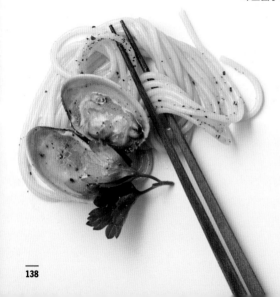

選購蛤蜊時可挑選標示已吐沙完畢的商品。只使用蛤蜊肉也可以做這道料理。

蛤蜊也

吸收了精華。

「好想多吃一點蔬菜。」像這種時候，就可以做點沙拉來搭配義大利麵一起吃。自己親手做醬料的話，即使全都是綠色蔬菜也能變得超美味。

少立調味醬

味噌奶油調味醬

| 材料 | 容易製作的分量 |

味噌——1 大匙
橄欖油——1 大匙
生奶油——4 大匙
蒜泥（軟管裝）——1/2 小匙

| 製作法 |

將全部的材料充分攪拌混合。

MEMO

活用味噌和生奶油就能做出濃郁的口味。若是搭配培根和麵包丁，製作成凱撒沙拉風格也非常好吃。

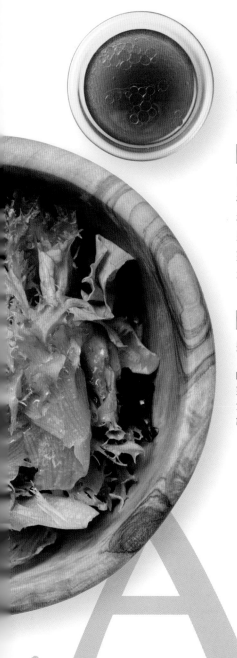

薑汁和風調味醬

材料　容易製作的分量

白高湯──1 小匙
橄欖油──2 大匙
柚子醋醬油──1 大匙
米醋──1 大匙
薑泥（軟管裝）──1 小匙
水──2 大匙

製作法

將全部的材料充分攪拌混合。

MEMO

薑泥的風味替這款和風調味醬帶來清爽的感受。搭配鮪魚或海藻沙拉都很適合。如果用芝麻油來代替橄欖油的話，就會變化成中華風。

跟義大利麵一樣，如果把白高湯用來調製湯品的話，不光是和風，無論是哪種湯品都能簡單做出經過長時間熬煮後的好味道。

易

品

蛋花湯

材料　容易製作的分量

蛋液──1 顆的量

青蔥（切成蔥花）──2 小撮

A　白高湯──2 大匙

　　沾麵醬汁（非濃縮款）

　　　──2 大匙

　　砂糖──1 小匙

　　白胡椒（瓶裝）

　　　──撒 2～3 次

　　橄欖油──2 大匙

　　水──500㎖

製作法

1　將 **A** 的材料全都放進鍋子，開中火煮到沸騰。

2　關火後，一邊攪拌鍋內、一邊加入蛋液。最後撒上青蔥。

MEMO

砂糖作為一種特殊風味讓整體的味道變得柔和。蛋液請在使用勺子攪拌鍋內的時候緩緩地加入，就能做出漂亮的蛋花。

蛤蜊巧達湯

材料	容易製作的分量

蛤蜊肉⋯⋯60g
＊如果使用帶殼蛤蜊大約是 8 ～ 10 個
牛奶⋯⋯500㎖
黑胡椒⋯⋯適量

A ｜ 白高湯⋯⋯3 大匙
　　　橄欖油⋯⋯2 大匙
　　　長蔥（切成蔥花）⋯⋯1/3 條的量

製作法

1 將牛奶倒進鍋子，開中火煮到即將沸騰。

2 將蛤蜊肉和 **A** 的材料放進鍋子，轉弱火，
繼續煮 2 ～ 3 分鐘左右。

3 盛裝到湯盤裡，撒上黑胡椒。

MEMO
能夠充分品嘗到蛤蜊鮮美的一道湯品。雖然使用帶殼蛤
蜊製作會更加濃郁，不過只用蛤蜊肉就已經很足夠了。
長蔥的甜味也是重點所在。

PROFILE

PastaWorks Takashi

義大利麵研究家、私房餐廳的主廚。活用自己在國內外累積
的餐飲工作相關經驗，構思出超過 700 道的義大利麵食譜。
同時也以「無論是誰都能用 10 分鐘做好義大利麵」為主題，
於 Instagram 上分享簡單食譜的影片，獲得了廣大的支持。
目前 Instagram 追蹤人數已達 24 萬人（2024 年 12 月）。

Instagram：@pastaworks_takashi

TITLE

10 分鐘快速登場　義大利麵的多重饗宴

STAFF

出版	瑞昇文化事業股份有限公司
作者	PastaWorks Takashi
譯者	徐承義
創辦人 / 董事長	駱東墻
CEO / 行銷	陳冠偉
總編輯	郭湘齡
文字編輯	張聿雯　徐承義
美術編輯	朱哲宏
國際版權	駱念德　張聿雯
排版	曾兆珩
製版	明宏彩色照相製版有限公司
印刷	龍岡數位文化股份有限公司
法律顧問	立勤國際法律事務所　黃沛聲律師
戶名	瑞昇文化事業股份有限公司
劃撥帳號	19598343
地址	新北市中和區景平路464巷2弄1-4號
電話	(02)2945-3191
傳真	(02)2945-3190
網址	www.rising-books.com.tw
Mail	deepblue@rising-books.com.tw
初版日期	2025年1月
定價	NT$ 380／HK$119

國家圖書館出版品預行編目資料

10分鐘快速登場義大利麵的多重饗宴 /
PastaWorks Takashi作；徐承義譯. -- 初
版. -- 新北市：瑞昇文化事業股份有限公
司, 2025.01
144面；　14.8x21公分
ISBN 978-986-401-802-4(平裝)

1.CST: 麵食食譜 2.CST: 義大利

427.38　　　　　　　　113018854

10PUN PASTA
©PastaWorksTakashi 2024 First published in Japan in 2024 by KADOKAWA CORPORATION,
Tokyo. Complex Chinese translation rights arranged with KADOKAWA CORPORATION, Tokyo
through DAIKOUSHA INC.,Kawagoe.